電力電子學圖鑑

電的原理、運作機制、生活應用……
從零開始看懂推動世界的科技！

森本雅之 著
UNSUI WORKS＋YTI 製作　　陳朕疆・譯

THE VISUAL ENCYCLOPEDIA
of POWER ELECTRONICS

前 言

2007年，有志之士在「Cool Earth 50」計畫中提出，為了對抗地球暖化，必須開發21種革命性的技術。這些技術中，不僅許多與太陽能發電、電動車等電力電子學領域有關，甚至「電力電子學」本身就被列為其中一項技術。這可以說是宣告了電力電子學時代的到來。

在那之後過了十多年，電力電子學的產品在我們的周遭環境已隨處可見。另一方面，AI與IoT已成為了這個世界的關鍵字，是驅動社會進步的重要技術。這些技術投入市場時，軟體是不可或缺的工具，但光靠軟體並不夠，還需要提供電力，產品才動得起來。而在提供電力時，就會用到電力電子學。譬如要有馬達才能讓機器運轉，而在控制馬達的運轉情況時，電力電子學是不可或缺的知識。由此可見，電力電子學可以說是維持現代生活與社會運轉的必要技術。

雖然電力電子學如此重要，但就連電學專家也常覺得「電力電子學很難，根本看不懂」。我認為這是因為，從以前開始，電力電子學就沒有建立起一套完整的技術或學問體系。隨著整體社會的發展，為了製造出更好的產品，技術也會一直革新。所以即使學生們閱讀過去的專業書籍或教科書，也很難跟得上現實中的電力電子產品。

在這樣的背景下，我以「讓不是電學專家的人們，也能理解電力電子學」為目標，寫下了這本說明電力電子學的書籍。為了讓覺得「不知道電學在講什麼」、「電又看不到，根本沒興趣」的人們理解電力電子學，我會從與電力電子有關的電學基礎開始，一直到實際的應用，盡可能地仔細說明一切相關學問。

如果本書能讓更多人瞭解電力電子學是什麼，並進一步喜歡上電子電力學，那會是我至高的榮幸。

2020年10月

森本　雅之

目　次

第 0 章　電力電子學究竟是什麼？

第 1 章　直流與交流、電壓與電流（電力的基礎）

第 2 章　線圈與電容（電路的基礎）

第 5 章　電力電子學的主角「逆變器」

第 6 章　逆變器的使用方式

【Power Up!!】

Cool Technology !

第 0 章 電力電子學究竟是什麼？

0-1

電力電子學與電子學有什麼差別？
～電力電子學的核心在於電力的控制～

用英文來解説的話，電力電子學的英文為power electronics。electronics指的是「電子學」，power則是指「電力」，所以power electronics就是「與電力有關的電子學」。

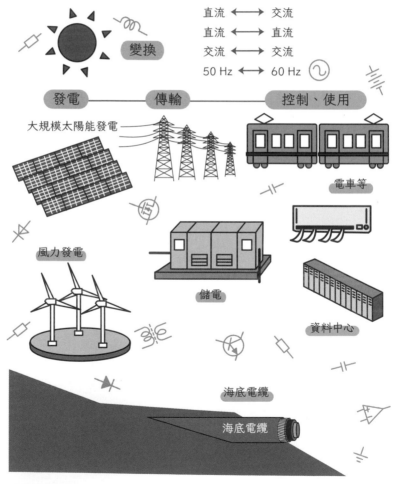

電力電子學是什麼

電子學（electronics）…以電子進行通訊、訊號處理、資訊處理、控制機械的學問。主要用於處理資訊。

電力電子學的定義

■ **電力電子學**是處理高電壓、大電流（**強電**）的電子學。
■ 處理強電時，常需進行電力的變換與控制。

變換前的電力

以柔克剛

變換後的電流

高電壓、大電流

電力電子學
可控制變換過程

變換與控制電力的「技術」

電力電子學與電子學的差異

	電力電子學 power electronics	電子學 electronics
領域、 分類	電力工程學 **強電**※ 電能傳輸 將電能轉換成 其他形式的能量 進一步利用	電子學 **弱電**※ 將電訊號用於 通訊、控制、資訊處理 等領域
電壓	高電壓	低電壓 （多在 30V 以下）
電流	大電流	微小電流 （mA 以下，通常為 μA）
用途	改變龐大電力的 形式、以電力驅 動物體、加熱、冷卻等， 著重在電能的應用技術	以電訊號進行 觀察、收聽、計算、 顯示、處理、傳輸、測量， 著重在電訊號的運用技術

※強電、弱電為俗稱

電力電子學／電子學的差異

電力控制與能量控制
～將電力轉換成熱能、化學能、動能～

許多人對電力電子學的印象是「電力變換」。電力變換意思是改變電力的形式。確實,電力電子學會以變換電力的方式來控制電力(參考第65頁)。

而受到控制的電力,會被轉換成電能或其他型態的能量,再進一步利用。

由電力轉變成三種型態的能量!

■我們會在第1章中詳細介紹電流的三種效應,並以此說明電能如何轉換成以下三種型態的能量。

而在將電能轉變成其他能量時,控制電力型態(交流或直流)、電流、電壓的過程,也叫做「控制電能」。

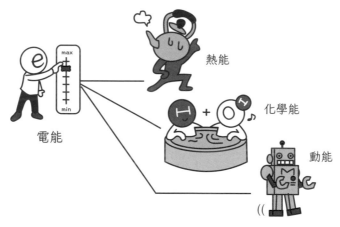

熱能

化學能

電能

動能

將電能轉換成三種能量

電能(electric energy)…以電作的功。電流或電荷所擁有的能量。日語中也叫做電力量。

熱能(thermal energy)…原子或分子的熱運動造成的物質內部能量。

控制著各種能量的電力電子學

■舉例來說，調節風扇的風量時，我們可以說電力電子學是在控制馬達的轉速。但如果看整個系統，可以說電力電子學控制的是電能，再藉此「控制動能」，也就是風扇的風速。

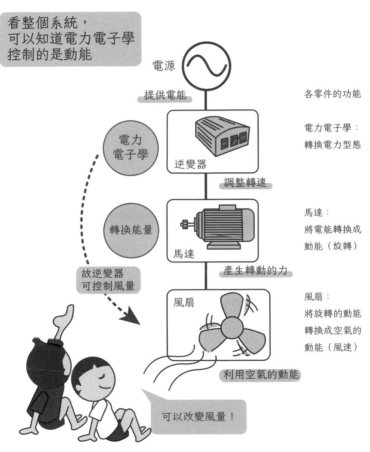

看整個系統，可以知道電力電子學控制的是動能

電源

提供電能

各零件的功能

電力電子學

逆變器

電力電子學：轉換電力型態

調整轉速

轉換能量

馬達

馬達：將電能轉換成動能（旋轉）

產生轉動的力

故逆變器可控制風量

風扇

風扇：將旋轉的動能轉換成空氣的動能（風速）

利用空氣的動能

可以改變風量！

以電力電子學控制風量

化學能（chemical energy）…儲存在物質化學鍵中的能量。化學反應時可釋出或吸收化學能。
動能（kinetic energy）…伴隨著物體的運動而出現的能量。是**力學能**的一種。

電力電子學有什麼用途？
～日常生活中的電力電子學～

電力電子學是使用電能時會用到的學問。雖然我們只要把插頭插進插座，就能使用電能，但這些電能並非從天而降。電力公司發電後，需經過各種電力電子元件的調控再送到各個家庭，才能穩定提供這些電能。

所以說，電力電子元件可以說是在暗處「默默地」工作著。

▆═ 將電力轉變成方便使用的形式！

■電力公司的各種設施、太陽能發電、電池等蓄電裝置，都需要電力電子機器的調控。

■工廠的機械設備、機器人、搬運車也需要電力電子元件才能運作。

■包括住宅區的天然氣、自來水水泵在內的各種「基礎建設」設備，都會用到電力電子元件。電氣化火車、電梯、電動車也需要電力電子元件才能運轉。

■另外，家中照明、冷氣、洗衣機、PC……各種會用到電的機器也都需要電力電子元件控制。AC配接器與手機充電器等，也都會用到電力電子元件。

各式各樣的電力電子元件

蓄電（storage）…儲存電力備用的行為。增加蓄電的過程叫做充電，釋放蓄電的過程叫做放電。

基礎建設（infrastructure）…生活或工業上必須的建設，是社會的基礎。政府為了提升公共利益，會建造各種基礎建設供人民使用。

－電力電子元件的24小時－

6:00 起床
公寓

自來水水泵 — 將水打到公寓高層的水泵馬達。

9:00 通勤

電氣化火車
電扶梯 — 藉由調節馬達電流來驅動這些機器。

LED照明 — 要是沒有電力電子元件就不會亮。

10:00 辦公室

PC — 電腦接上電源後，內部的電力電子元件便會開始運作。

手機充電

冷氣
IH電子鍋 — 電力電子元件的控制，可使其維持適當溫度或熱能。

19:00 回家

吸塵器、洗衣機

多虧了它們，今天也是美好的一天～

24 小時都會用到電力電子元件

與電力電子學有關的人們

～從一般人到專家～

就像「有人坐轎，也有人扛轎」一樣，電子電力學的相關人士非常多。換言之，電力電子學是範圍相當廣的技術。

所有人都與電力電子學有關

■在電力已被視為理所當然的現代，電力電子元件也與每個人息息相關，甚至可以說「用電＝使用電力電子元件」。

■與電力電子元件有關的人們之中，最多的是間接使用者。即使我們平常不會特別注意，但幾乎所有人每天都會用到電力電子元件。

使用電力電子元件的人們

■直接操作電力電子機器的人，可以說是最接近電力電子學的使用者。

■操作釣魚竿捲線器、操控電動車等，也是在操作電力電子機器。

■這些人多半不會覺得自己在「利用電力電子元件」，而是覺得自己在「操作機器」。

使用者（間接或直接）

操作電力電子元件的人們

■□○ 直接使用電力電子元件本身的人們

- 工程師們會自覺到自己正在使用電力電子元件，也能將各種產品組合成電力電子機器。
- 舉例來說，建置工廠設備時，會購入許多電力電子元件，組裝成需要的設備。
- 一般的工程師就算不曉得電力電子機器的內部結構，至少也知道「電力電子元件有什麼功用」。
- 編寫電力電子機器用的系統軟體的工程師，也是電力電子元件的使用者之一。

■□○ 製造業的工程師

- 製造業的工程師也常間接接觸到「電力電子元件」。也就是說，除了電力電子工程師以外的其他工程師，也會接觸到電力電子學。
- 如果沒有半導體，電力電子產品就不會動。
- 半導體領域中的**功率元件**，指的就是「與電力電子學有關的半導體」。
- 除了半導體之外，我們也可以用線圈等電子零件、各種機械零件與材料，製造出電力電子機器。

■□○ 電力電子學的專家

- 與電力電子機器的開發、設計、製造、品管等領域直接接觸，或提供相關技術的人，可以被稱為「電力電子學的專家」。

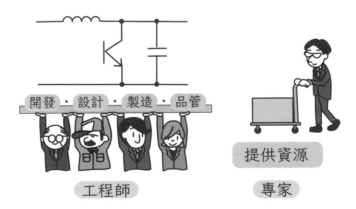

電力電子學的專家

功率元件（power device）…處理高電壓大電流的電力用半導體元件。

Free and Radical.

第 1 章 直流與交流、電壓與電流（電力的基礎）

電流
～電子的移動會形成電流～

■ 電子是什麼？

■ 要瞭解什麼是電流，必須先知道什麼是電子。

■ 所有物質都是原子的集合體。原子的結構由位於中心的原子核，與繞著原子核**公轉**的電子構成。

■ 原子核帶正電荷，電子帶負電荷。

■ 不同種類的原子，原子核的電荷數就不一樣，繞著原子核公轉的電子數也不一樣。

原子內有許多電子依照既定軌道繞著原子核公轉。

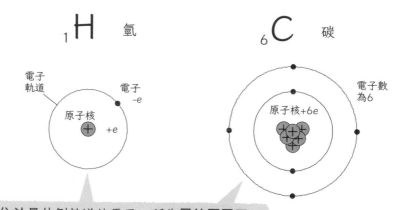

位於最外側軌道的電子，稱為**最外層電子**。

原子核與電子

原子核（atomic nucleus）…位於原子中心，帶有正電荷。由質子與中子構成。

電子（electron）…屬於基本粒子（沒有大小的粒子），帶有電荷。電子攜帶的電量（電荷）為電量的最小單位，稱為基本電量 e。$e = 1.602 \times 10^{-19}$（C）。

金屬結晶內的自由電子

- 於最外側軌道公轉的電子（**最外層電子**）受原子核吸引的引力最弱。
- 因此，最外層電子獲得些微能量（熱、光）時，就會脫離原本的原子軌道，在金屬結晶內自由移動，稱為**自由電子**。

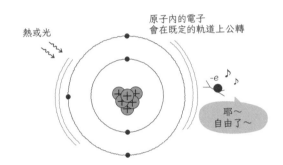

Free! & Radical!

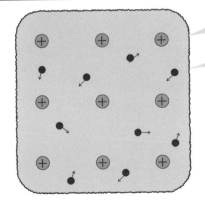

自由電子與金屬結晶

金屬結晶（metal crystal）…自由電子與陽離子的鍵結，稱為**金屬鍵**。金屬結晶內的原子透過金屬鍵連結。
最外層電子（outermost electron）…在距離原子核最遠的軌道公轉的電子。電子只能在原子核周圍的既定軌道上公轉，這些軌道稱為**殼層**。

◼️━∘ 關閉開關後，自由電子還能自由運動嗎？

■金屬內部存在自由電子。

■連接用導線（銅或鋁）為金屬，故內部的自由電子可自由運動。

■燈泡內部的燈絲（發光部分）是由鎢這種金屬構成，內部的自由電子可自由運動。

■因此，即使關閉開關，切斷電路，導線或燈絲內部的自由電子仍可「自由」運動。

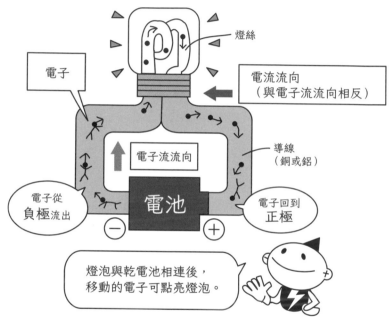

流過燈泡的自由電子

導線（conducting wire）…連接各端子使電流通過，由金屬等導體製成的線。**電線**。

燈絲（filament）…由金屬製成的細絲。電流流過燈泡燈絲後，可使燈絲發光。

⊶ 「電流流過」是什麼意思？

- 導線或燈絲內部的自由電子帶有負電荷，所以在開關打開（電路接通）的瞬間，電子會被拉向電池的正極。
- 所以，原本就能自由運動的自由電子，全都會開始往正極移動。
- 此外，電池負極會持續提供電子給導線，原本存在導線上的自由電子會被推向燈泡。
- 負極將電子推向導線，導線再將電子推向正極。這些電子的移動，就是所謂的**電流**。

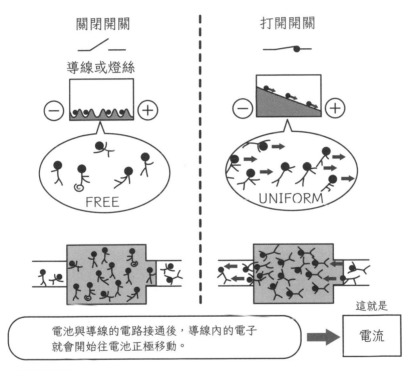

自由電子的運動

▣━◦ 「電流」是什麼？

- 從電池出發的電子會經由導線通過電燈泡，再回到電池。也就是電子會繞電路一圈。
- 這種「所有電子朝著同一方向移動的狀態」就叫做「電流正在流動」（要注意的是，電流的方向與電子流的方向剛好相反）。
- 關閉開關時，自由電子會回復到「可自由活動，但不會朝同一方向移動」的狀態，此時「電流不再流動」。
- 電流符號為 I，單位為安培（A）。

電流的定義

「1秒內通過某個截面的電荷量」

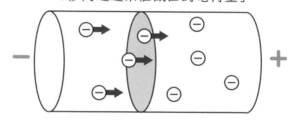

符號為 I，單位為安培

$$電流\ I\ (A) = \frac{通過的電荷量\ Q\ (C)}{時間\ t\ (s)}$$

電流的大小

0.1602　　電荷 e 為 1.602×10^{-19}（C）

$$1\,A = \frac{1C}{1s}$$ ⟹ 1秒內通過6.24×10^{18}個（約600京個）電子的電流，約為1 A（0.999 A）

電流的定義

電荷（electric charge）…電子或質子等帶電粒子本身，或是這些粒子所帶的電荷量。

安培（ampere）…電流單位，源自「安培定律」的發現者，法國人安培André-Marie Ampère（1775～1836）的名字。

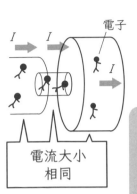

電子

流水素麵

電流大小
相同

- 要是不存在環繞一圈的通路，電流就不會流動
- 電流為連續的流動。
  電路中各處的電流大小皆相同
- 即使電線粗細改變，電流大小仍不變
- 電流不能突然湧出，也不能儲存

電流的基本性質

為什麼電流的方向與電子流的方向相反？

在發現電子以前，科學家就發明了電池，並在那時決定了電流的正負向。
隨著時代演進，在科學家們仔細研究過電子之後，才瞭解到電子的流動方向與
電流方向相反，便規定電子帶有的是負電荷。

以前

往這裡

現在

抱歉

要改變規定也很麻煩，
乾脆就規定電子帶的是
負電荷吧……

電流與電子流的方向差異

1-2

電動勢與電壓
～電流由電動勢驅動～

電路常被比喻成水道。電池就像把水往上打的水泵,電池的電動勢就相當於水泵把水往上打的力。這裡就讓我們整理一下「電動勢」、「電位」、「電壓」等用語分別是什麼意思吧。

電動勢、電位、電壓

- 我們可以將電路內的**電流**比喻成水道的水流,以方便理解。此時,電池就像水泵,燈泡就像水車。兩者都在進行能量轉換。
- 水道內的水流會被水泵往上打,再沖下來使水車持續轉動。這就像電路中的電池提供能量給電流,電流再使燈泡持續發光一樣。

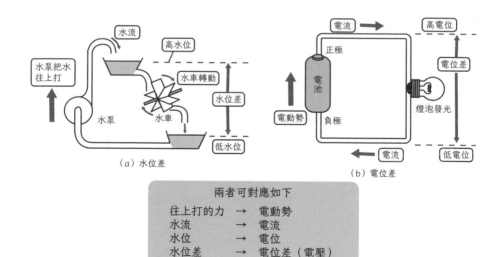

（a）水位差

（b）電位差

兩者可對應如下		
往上打的力	→	電動勢
水流	→	電流
水位	→	電位
水位差	→	電位差（電壓）

水位與電位

電動勢（electromotive force）…參考正文。

可以提升電位的電池

- 相對於水道的水位，電路中也有**電位**。
- 電池的電動勢，可使正極的電位高於負極。
- 這種電池提高電位的能力，就叫做**電動勢**。

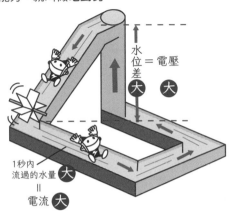

電池的電動勢

電池的外部電路

- 電位差又叫做**電壓**。
- 若兩點間存在電位差（電壓），兩點間就會產生電流。
- 在電池的外部電路中，電池正極的電位較高，負極的電位較低。
- 電池與電路接通後，因為正極與負極之間有電位差，所以電路中會產生電流。
- 電壓符號為 V，單位為伏特（V）。

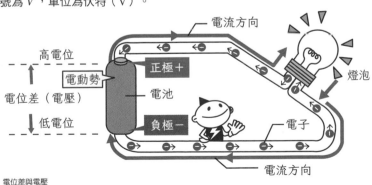

電位差與電壓

電位（electric potential）…參考正文。
電壓（voltage）…參考正文。

電流與電壓的關係

～歐姆定律就是如此美妙～

電路中的電流與電壓成正比,而這個規則就叫做歐姆定律。不論是直流電/交流電,所有電流都會符合歐姆定律,可以說是基本中的基本,是相當重要的定律。

電流與電壓成正比

■電流越大,電壓越高。
■電壓越高,電流越大。

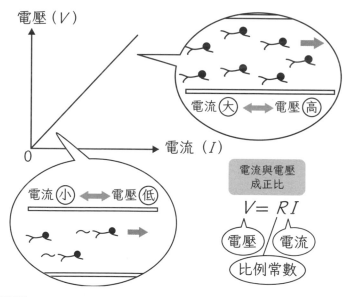

電流與電壓

歐姆定律(Ohm's law)…電路兩點間的電位差,與兩點間的電流成正比,是電學中的重要規則。

⊶ 歐姆定律

- ■「在電路中流動的電流與電壓成正比」，這個規則叫做**歐姆定律**。
- ■電壓與電流間的比例常數，稱為**電阻**。
  電阻符號為 R，單位為歐姆（Ω）。

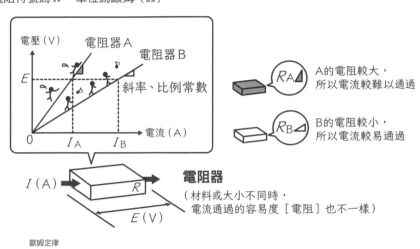

電壓(V)　電阻器A

電阻器B

斜率、比例常數

電流（A）

I_A　I_B

A的電阻較大，
所以電流較難以通過

B的電阻較小，
所以電流較易通過

I（A）　R

電阻器
（材料或大小不同時，
電流通過的容易度［電阻］也不一樣）

E（V）

歐姆定律

⊶ 電阻與電壓成正比

- ■**電阻**可表示電流「通過的難度」。
- ■若要讓相同電流通過，越大的電阻需要越高的電壓。

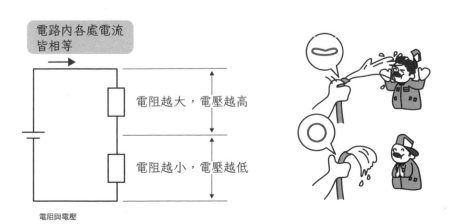

電路內各處電流
皆相等

電阻越大，電壓越高

電阻越小，電壓越低

電阻與電壓

....

歐姆（ohm）…源自發現歐姆定律的德國物理學家，蓋歐格‧西蒙‧歐姆 Georg Simon Ohm（1789~1854）。單位符號為（Ω）。
電阻器（resistor）…為了它的電阻值而加入至電路內的電子零件，也可簡稱為**電阻**。

電阻與電阻率
～電阻表示電流流過的難度！～

電阻的大小（電阻值）R，指的就是電阻器「讓電流通過的難度」。
相較於此，構成電阻的材料「讓電流通過的難度」，是該材料的物理性質，稱為電阻率ρ。

產生電阻的原因

- 自由電子在金屬內部前進時，可能會被原子核阻擋，降低流動效率。
- 電子前進的難度（＝電流通過的難度）就是**電阻**。
- 不同的物質，讓電子前進的難度也不一樣。這種物理上的數值（各種物質特有的數值）稱為**電阻率**。
- 電阻率的符號為ρ，單位為（$\Omega \cdot m$）。

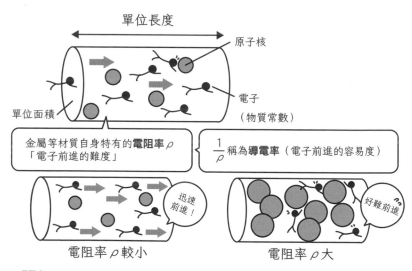

電阻率

電阻率（electrical resistivity）…截面積1m²、長1m之某特定物質的電阻值。單位為（$\Omega \cdot m$），也叫做**比電阻**。
導電率（electrical conductivity）…電阻率的倒數，也叫做**電導率**，符號為σ，單位為（S/m）

電阻器的電阻值

■**電阻器**會增加電流通過的難度。

■電阻器的電阻值 R，會因電阻率與物體形狀而改變。

■電阻值與電阻率成正比、與電阻器的物理長度 ℓ 成正比、與截面積 S 成反比。

$$R = \rho \frac{\ell}{S}$$

R：電阻值（Ω）
ρ：電阻率（Ω・m）
S：截面積（m²）
ℓ：物體長度（m）

直流與交流、電壓與電流　電阻與電阻率

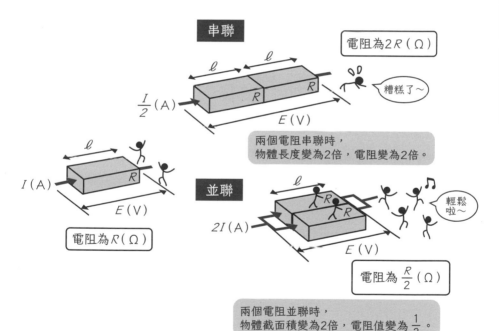

串聯

電阻為 $2R$（Ω）

糟糕了～

$\frac{I}{2}$（A）

R

E（V）

兩個電阻串聯時，
物體長度變為2倍，電阻變為2倍。

I（A）

R

E（V）

電阻為 R（Ω）

並聯

輕鬆
啦～

$2I$（A）

R

E（V）

電阻為 $\frac{R}{2}$（Ω）

兩個電阻並聯時，
物體截面積變為2倍，電阻值變為 $\frac{1}{2}$。

電阻值

分子磁石（molecular magnet）…磁石不管切割到多小，仍擁有磁石的性質。所以我們可以想像到，將磁性
材料切割到分子大小時，仍為永久磁石。

電流的三大效應
～電能應用的基礎～

電流轉換成熱的效應稱為**熱效應**，電流轉換成磁場的效應稱為**磁效應**，以電流使物質產生變化的效應稱為**化學效應**。

可以利用這三種效應（電流三大效應），將電能轉變成其他形式的能量。

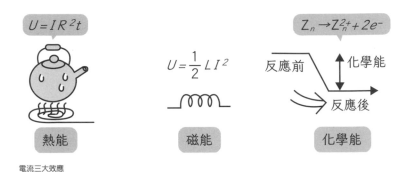

電流三大效應

電流熱效應

■發生**電流熱效應**時，電流會轉變成熱。

■與未通電的物質相比，通以電流後會提高物質的溫度。

■金屬的原子核會因為熱而振動。此外，提高溫度後，振動也會變得更加劇烈。

■金屬的原子核與自由電子相撞後，原子核會振動得更為劇烈，提高原子的溫度，並使金屬發熱。

■電流以這種方式產生的熱就叫做**焦耳熱**。

焦耳熱（Joule's heat）…電流熱效應所產生的熱。可以用**焦耳定律**或**焦耳第一定律**說明。

磁場（magnetic field）…磁力作用的空間。

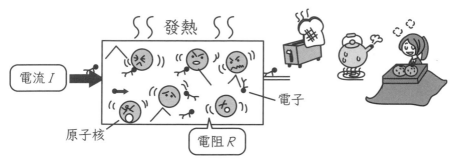

電流熱效應

電流磁效應

■發生**電流磁效應**時，電流會轉變成磁力。
■電流通過時，周圍會產生磁場。
■此時產生的磁場方向可用**安培右手定則**說明。

電流化學效應

■發生**電流化學效應**時，電流可讓物質產生變化。
■電流通過時，可讓物質產生化學變化。
■**電解質**溶於水中時，會解離成陽離子與陰離子。原子帶有電荷後，會形成**離子**。**陽離子**的電子較原子少，**陰離子**的電子較原子多。
■驅使電子流動時，陽離子與陰離子會朝相反的方向移動。離子移動時，會讓電解質產生電流。

安培右手定則

使用方法①

電流為直線時，會產生同心圓狀的磁場。

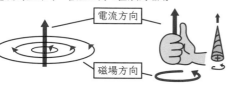

使用方法②

電流通過線圈時，會產生直線狀的磁場。

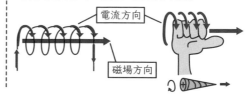

電流磁效應

離子（ion）…釋出／獲得電子後，帶有電荷的原子或原子團。
電解質（electrolyte）…溶解於溶劑後，會分離成陽離子與陰離子的物質。分離成離子的過程，叫做**電離**。

神奇的磁力
～介紹磁場、磁通量、永久磁石的基礎～

磁場指的是磁力作用的空間。
雖然眼睛看不見，不過自然界和我們的四周各處都有磁場存在，且許多物質都會受磁場影響。

■ 磁力線

■**磁力線**是用以表示磁場狀態的「虛構線條」。
■磁力線從磁石的N極出發，在磁石外部繞一圈後回到S極。
■磁力線的數目（密度）代表磁力的強度。

■ 電流造成的磁力線

■通以電流後的電路，周圍會產生磁場。
■電流產生的磁場也可以用磁力線來表示。
■電流產生的磁場的磁力線，與永久磁石產生的磁力線形狀相同。

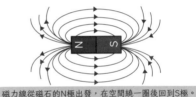

磁力線從磁石的N極出發，在空間繞一圈後回到S極。

磁力線

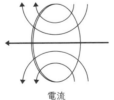

電流

圓形線圈

N極

S極

薄磁石

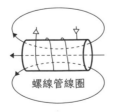

螺線管線圈

螺線管線圈

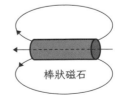

棒狀磁石

....

圓形線圈（circular coil）…圓形導線。

螺線管線圈（solenoid coil）…將導線密集捲成圓筒狀的線圈。

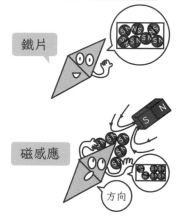

磁場的作用
（指南針的製作方式）

鐵片

磁力

- **磁力**作用於磁石的磁極之間。
- 磁力可讓N極與S極，也就是不同的磁極之間產生吸引力，讓相同的磁極之間產生排斥力。

磁感應

方向

為什麼鐵會被磁石吸引（磁感應）

- 鐵等磁性材料靠近磁石時，磁性材料的表面會產生相反的磁極。這種現象叫做**磁感應**。
- 磁感應可讓磁性材料的磁極，與磁石的磁極之間產生吸引力。
- 遠離磁場後，磁感應所產生的磁極就會消失。

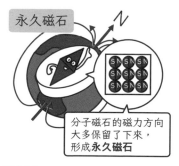

產生吸引力

磁化

磁力方向留了下來！

磁化的概念

- 可想像磁性材料內部存在許多分子磁石。
- 外部磁場可改變這些分子磁石的磁力方向，產生磁感應。
- 如果拿掉外部磁場後（磁感應結束），這些磁力方向仍保留了下來，就叫做**磁化**。

永久磁石

分子磁石的磁力方向大多保留了下來，形成**永久磁石**

磁場的作用

磁性材料（magnetic material）…可帶有磁性（可被磁化）的物質。可分為強磁性材料、順磁性材料、非磁性材料。

非磁性材料（non-magnetic material）…強磁性材料以外的物質。

直流與交流、電壓與電流　神奇的磁力

■ 磁力線與磁通量的差異

■ **磁通量**可表現出磁場的形態。

■ 在描述物質交界面的磁場時，比較難用磁力線說明，故會改用磁通量來說明。

■ 以下方右圖為例，當鐵與空氣之間存在磁場時，由於鐵會被磁化，所以空氣兩端的鐵會形成N極與S極等磁極。

■ 此時，除了原本的磁力線之外，由被磁化之磁極所產生的磁力線在交界面上會有不連續的情況。若不引入磁通量的概念，就很難說明這裡的磁場強度。

■ 磁通量的數目為連續

■ 我們可以用磁通量，將交界面上的磁場表示成連續的量。

■ 當被磁化能力的強度不同的物質通過磁場時，該處的磁力線數目會跟著變化。不過磁通量大小不會因為通過物質的交界面而出現變化，而是會保持連續。

■ 也就是說，即使更換磁場中的物質，磁通量大小也不會改變。
磁通量就是代表磁場本身的量。

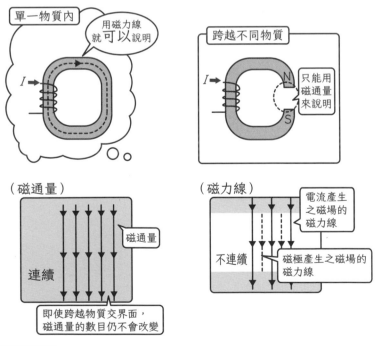

磁力線與磁通量

磁力方向（orientation）…帶有磁性的分子或結晶依特定方式排列所產生的方向性。

磁通量（magnetic flux）…通過某區域之磁場強度與方向的總和。可將1Wb想像成1條磁力線，那麼磁通量就代表通過某區域的所有磁力線。

━○ 磁通量密度

- **磁通量密度**可表示磁場強度。
- 磁通量密度是通過單位面積的磁通量，符號為**B**，單位為（T）（特斯拉）。
- 磁通量密度**B**與磁場強度**H**成正比。

$$B = \mu H$$

> **磁導率**μ（比例常數）：
> 磁力通過物質的容易程度

━○ 磁性材料

- 磁場可作用在磁導率高的物質，譬如鐵，稱為**磁性材料**。
- 鋁、銅等物質可導電，但磁導率幾乎與空氣相同，磁場幾乎沒有作用，這類物質稱為**非磁性材料**。

> 若想提高磁通量密度，
> 就必須以磁導率遠高於空氣的
> 磁性材料為軸心，將線圈纏繞在
> 這類軸心上。這種軸心稱為**鐵芯**。
>
> 由非磁性材料製成的軸心，
> 稱為**捲線軸**。

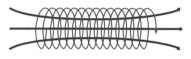
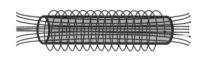

鐵芯（磁性材料）

鐵芯可提高磁通量密度

磁通量密度（magnetic density）…單位面積的磁通量，可用以表示某個位置的磁場強度。

磁導率（magnetic permeability）…磁場強度 **H** 與磁通量密度 **B** 之間的關係可以方程式 **B** =μ**H** 表示。其中比例常數 μ 是磁導率，單位為（H/m）。某物質的磁導率 μ 與真空磁導率 μ0的比例，稱為**相對磁導率**。

直流與交流的差異
～兩種不同的電流流動方式～

電流可分為直流電與交流電。直流電的電流一直都是由正極流向負極（電池）。相對的，交流電的電流方向會依一定頻率切換（商用電源、供電電線、參考第211頁）。

⊶ 直流電

■**直流電**（DC）的電流會一直沿著相同方向流動。
■車用電池、一般電池等小型機器，多以直流電作為電源。

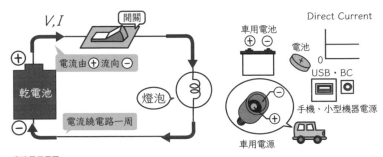

直流電示意圖

⊶ 交流電

■**交流電**（AC）的電流會依一定頻率切換流動方向。
■商用電源（家庭插座、工廠插座所使用的電流）、供電電線多使用交流電。

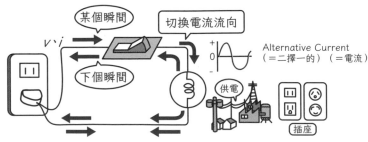

交流電示意圖

直流電（Direct Current, DC）…參考正文

交流電（Alternating Current, AC）…參考正文。因為電流方向會一直交換，所以叫做交流電。

正弦波（sinusoidal wave）…波形類似正弦函數的波。通常也包含了餘弦波（cosine wave）。

不管是直流電還是交流電，電流都在「流動」

- 商用電源的交流電通常是正弦波（sin函數）。正弦波的正負變化則是表示電流方向的切換。
- 交流電的正弦波振幅，為電流的**最大值**。
- 因為是正弦波，所以電流大小並非固定，而是會一直改變（瞬間值會隨時改變）。
- 電壓也一樣可以用正弦波表示，會隨時間而出現正／負變化。
- 不過，交流電在瞬間的性質與直流電相同。

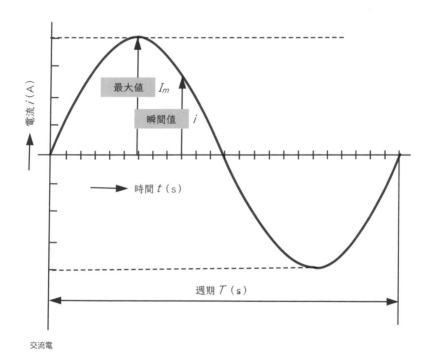

最大值 I_m

瞬間值 i

電流 i（A）

時間 t（s）

週期 T（s）

交流電

有效值

■ 交流電的電壓與電流的大小變化如正弦波，每個瞬間的數值都不一樣。瞬間的數值稱為**瞬間值**，會隨著時間改變。

■ 因此，若要用一個數值來表示交流電的電壓與電流大小，不會使用最大值，而是用有效值來表示。

■ **有效值**可以理解成「可提供相同能量之直流電的電壓、電流」。

■ 有效值由電流流經之電阻的發熱量決定。舉例來說，有效值為10A的交流電電流，使電阻產生的發熱量與10A直流電電流相同。

有效值由電流流過電阻時的發熱量決定。
具體來說，若某交流電流經電阻時的發熱量，與某特定大小的直流電相同，那麼該特定大小就是交流電電流的有效值。
不管是直流電還是交流電，有效值相同的電流，發熱量就相同。

有效值

有效值（effective value）…root mean square value，也叫做RMS。參考正文。
發熱量（heating value）…產生的**熱能**。電流通過時，產生的熱能（J）與消耗的電能（Ws）相同。

⚡ 頻率：電流改變方向的次數

■交流電電流的方向會隨時改變。一秒內電流改變方向的次數，叫做**頻率**。

■頻率一般以符號 f 表示，單位為（Hz）（赫茲）。

■頻率60Hz就表示在1秒內，正／負向的正弦波電流各出現60次。也就是說，每隔 $\dfrac{1}{2 \times 60}$ 秒（＝1（秒）÷ 2 × 60（次）），電流方向就切換一次。

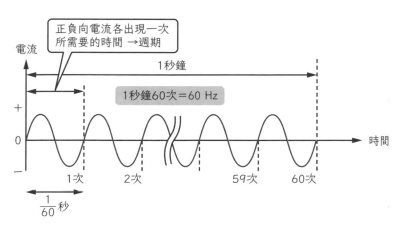

交流電的頻率

Change and Charge.

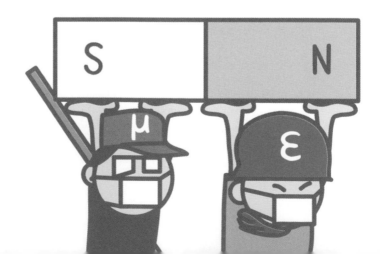

第 2 章　線圈與電容（電路的基礎）

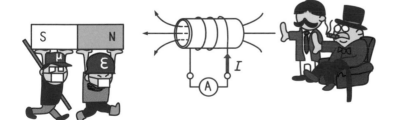

線圈內的電流

～累積能量～

纏繞成螺旋狀或渦漩狀的金屬絲，叫做線圈。捲成彈簧狀的導線，叫做螺線管線圈。

如同我們在前一章中提到的，電流通過導線時會產生磁場。就像我們對彈簧施力時，彈簧會逐漸變形、累積彈力位能一樣，對線圈施加電壓時，可逐漸提升線圈的電流、累積磁場能量。

線圈

流過線圈的電流

■纏繞導線的電子零件，稱為**線圈**。

■導線捲起來後可形成線圈，纏繞方式有很多種。

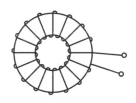

螺線管線圈　　　　**環形線圈**　　　　　**螺旋線圈**

線圈種類

線圈（coil）…參考正文。以零件形式存在於電路中時，通常稱為**電感**、**扼流線圈**（choke）。

- 下圖電路包含了線圈與電阻。這個電路中,開啟開關,接上直流電源(電池)後,電流會緩慢增加。
- 另一方面,如果電路中只有電阻,那麼電路就會瞬間產生固定大小的電流,電流大小由歐姆定律決定。
- 加入線圈後,電流之所以會緩慢增加,是因為線圈會逐漸累積磁場能量(至於線圈可累積多少能量,將於2-3節中正式說明)。
- 綜上所述,線圈可讓電流緩慢增加,故電力電子領域中常會用到線圈。

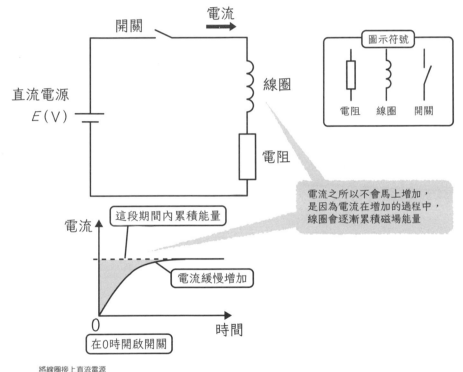

將線圈接上直流電源

電源(power supply, power source)…供電來源。除了提供電力的特定機器之外,發電廠、電池也可稱為電源。

電磁感應
～以磁力催發出的電力～

當永久磁石的磁場進入線圈內部時，線圈為了抵銷這個磁場，會產生反方向的磁場。

而為了產生反方向的磁場，線圈需產生電動勢。這種受感應而產生電流的過程，就叫做電磁感應。

電磁感應是為了維持當下狀態的物理現象。

■─○ 線圈內有電流流過

■如下圖所示，永久磁石靠近線圈時，永久磁石的移動會使線圈內產生電流，這個現象叫做**電磁感應**。

■即使附近存在磁場，只要磁場沒有變化，就不會發生電磁感應事件。磁場需有變化，才會有電磁感應現象。

■換成永久磁石靜止、線圈移動，也會產生相同效果。

■換個角度來看，有電流流過，就表示線圈內存在電動勢。這種電動勢是由電磁感應產生，故稱為**感應電動勢**。

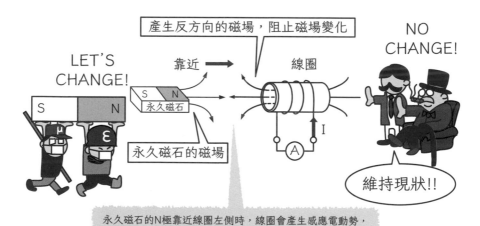

永久磁石的N極靠近線圈左側時，線圈會產生感應電動勢，使線圈左側變為電磁石的N極。

電磁感應

電磁感應（electromagnetic induction）…參考正文。

永久磁石（permanent magnet）…不需由外部提供能量，就能產生外部磁場的物體。電磁石是只有通電後才會產生磁場的磁石。

安培右手定則

- **安培右手定則**讓我們可以用右手，輕鬆說明電磁感應所產生之感應電動勢的方向。
- 如下圖所示，導體在磁場中移動時產生的感應電動勢方向，可以用握拳的右手手指方向表示。

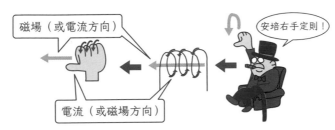

安培右手定則

捲越多圈，電動勢越大（磁鏈）

- 發生電磁感應時，線圈與磁場間存在**交鏈關係**（互相套住彼此）。
- 磁場變化速度越快、磁場越強，或者線圈纏繞數越多，電磁感應所產生的感應電動勢就越大。
- 即使不是由運動產生的磁場變化，只要磁場隨時間改變，就會產生感應電動勢。
- 交流電會一直改變電流方向，所以電磁感應現象會持續發生。
- 線圈圈數 N 乘上磁通量 ϕ 後得到的 $N\phi$，就叫做**磁鏈**。
- 感應電動勢 e 與線圈圈數、磁通量隨時間的變化成正比。由**法拉第電磁感應定律**可以知道，以下方程式成立。

$$e = -N \frac{d\Phi}{dt}$$

負號代表感應電動勢會抵制改變

線圈繞 N 圈時，感應電動勢也會變成 N 倍。另外，磁通量 ϕ 的磁場貫穿 N 圈線圈時，會形成 $N\phi$ 的磁鏈。

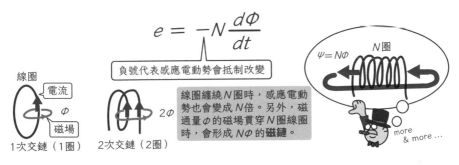

法拉第電磁感應定律

感應電動勢（induced electromotive force）⋯電磁感應所產生的電動勢。

2-3

電感
～表示感應電動勢的大小～

◤◯━ 互感

■假設有一個連接電源的線圈A，與另一個沒有連接電源的線圈B彼此相鄰，如下圖。
　①開啟開關，使電流通過線圈A。此時線圈A的電流會從0開始逐漸增加。隨著電流的
　　增加，線圈A所產生的磁場也會跟著增加。
　②此時，位於線圈A磁場內的線圈B，會產生抵制改變的磁場。
　③在這些磁場的作用下，線圈B會產生感應電動勢（**電磁感應**）。

當線圈A的電流達到某個固定數值時，線圈A的磁場強度會固定下來，線圈B的電磁感
應效果也跟著結束。因此，線圈B所產生的感應電動勢大小，會與電流變化率成正比，
這種關係叫做**互感**。

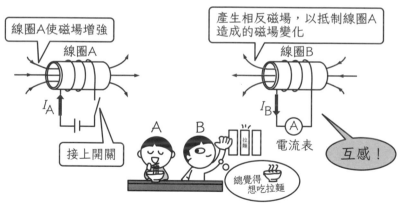

互感

■此時，線圈B所產生的感應電動勢大小e_B。e_B與電流對時間的變化率$\dfrac{dI_A}{dt}$（1秒內的電

流變化），以及互感係數M的關係如下。其中M的單位為（H）（亨利）。

....
互感係數（mutual inductance）⋯表示該線圈的電流變化，能使其他線圈產生多大的感應電動勢的係數。
若1秒內可產生1V的感應電動勢，則互感係數為1H。

$$e_B = -M \frac{dI_A}{dt}$$

$$= - \boxed{\text{互感係數 } M} \times \boxed{\text{線圈A的電流時間變化率 } \frac{dI_A}{dt}}$$

線圈B的電流改變時，線圈A也會產生
感應電動勢，此時的M也是同一個數

互感電動勢

自感

■另外，即使只有一個線圈，線圈本身的電流變化也會產生電磁感應。
　①在開關接通的瞬間，線圈中的電流會從0開始逐漸增加。線圈產生的磁場也會隨著電流的增加而跟著增加。
　②在線圈產生磁場的同時，也會產生抵制這個磁場的磁場。
　③因為有抵制的磁場，所以會產生與電源電流反方向的感應電動勢。

■當線圈的電流達到某個固定數值時，線圈的磁場強度會固定下來，線圈的電磁感應效果也跟著結束。因此，線圈本身的感應電動勢大小，會與電流時間變化率成正比。這個現象稱為自感。

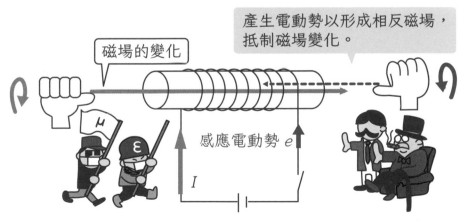

產生電動勢以形成相反磁場，
抵制磁場變化。

磁場的變化

感應電動勢 e

I

自感

自感係數（self-inductance）…表示該線圈的電流變化，能使同一線圈產生多大的感應電動勢的係數。若1秒內可產生1V的感應電動勢，則自感係數為1H。

■電流通過線圈時,線圈本身的電磁感應會產生電動勢。此時「電流」×「感應電動勢」＝「電力」,故線圈可用於儲存電能。

■設自感的感應電動勢的大小為e,**自感係數**為L,則兩者關係如下。L的單位與M相同(H)(亨利)。

$$e = -L\frac{dI}{dt}$$

$$= -\boxed{\text{自感係數 }L} \times \boxed{\text{電流時間變化率 }\frac{dI}{dt}}$$

〔自感係數〕×〔電流〕為線圈的磁鏈,可表示為ψ。 $\quad \Psi = LI$

自感的感應電動勢

■電路中的線圈一般稱為**電感**零件。電感係數為電感強度的大小。

線圈儲存的能量

■電流通過線圈時,線圈可儲存磁場能量。

■此時,線圈儲存的能量大小與自感係數L成正比。另外,線圈儲存的能量與電流的平方成正比。上述關係可表示為以下式子。

$$U = \frac{1}{2}LI^2$$

U:能量(J)
L:自感係數(H)
I:電流(A)

■也就是說,電流通過線圈時,線圈會開始累積能量(累積到最大能量時,就會保持最大能量的狀態)。不過,沒有電流通過時,線圈累積的能量為0(累積的能量會經由電路,以電流的形式釋出)。

ϕ 與 Ψ…一般而言,ϕ(phi)表示磁通量。Ψ(psi)表示磁鏈。雖然容易混淆,但這些符號已使用成習慣。

接上直流電源後，就會有電流通過線圈。在電流流過的期間內，在「電磁感應」的作用下，線圈會持續累積磁場能量。

因此即使電源斷開，線圈仍保有它累積的磁場能量。要是沒有放出這些能量，電流就不會歸零。要是不讓電流流到其他地方的話，這些能量就會轉變成火花或高壓電，強行脫離線圈。

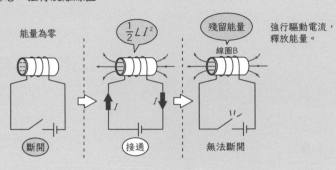

此時，線圈會用自身累積的能量，抑制電流的變化。

線圈累積的能量，就像壓縮彈簧時，賦予彈簧的彈力位能。

此時，收縮的彈簧若沒有釋放出累積的能量，就不會恢復到原來的長度。而且，彈簧會為了釋放能量而伸長自身。

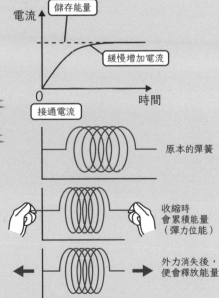

操控線圈的能量
～以 ON／OFF 使線圈累積／釋出能量～

線圈可透過累積能量、放出能量，使電流緩慢增加或減少，抑制電流的變化。另外，線圈的可累積的能量，與自感成正比，也與電流平方成正比。

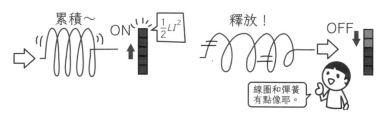

線圈可累積能量

線圈累積能量（接通電源）

- 線圈接上直流電源後，流經線圈的電流會逐漸增加。
- 此時，線圈累積的磁場能量也會跟著增加。
- 換言之，在有電流通過線圈時，線圈會逐漸累積能量。

線圈釋放能量（斷開電源）

- 在含有線圈的電路中，若要斷開開關，使電流歸零，必須先讓線圈的能量歸零才行。
- 因為當有電流通過線圈時，如果突然斷開開關，線圈內的能量會轉變成火花噴出。
- 也就是說，在線圈釋放完累積的能量之前，電流不會歸零（因為能量守恆定律成立）。
- 善用線圈儲存的能量，可以讓開關斷開時，電路仍有電流通過。

能量守恆定律（law of the conservation of energy）…即使能量從某個型態轉變成另一種型態，總能量仍不會改變。

⊓ *RL*串聯電路的暫態現象

*RL*串聯電路施以外加直流電壓時，電流變化如下式所示。

$$i(t) = \frac{E}{R}\left(1 - e^{-\frac{R}{L}t}\right)$$

開關接通的瞬間（t＝0），電流斜率與 $\frac{R}{L}$ 成正比。

經過充分的時間後（t＝∞），電流會保持在一個固定值 $\frac{E}{R}$ 。

也就是說，在電流緩緩增加的過程中，*L*會逐漸累積磁場能量。
這可以用*RL*串聯電路的**暫態現象**來說明。

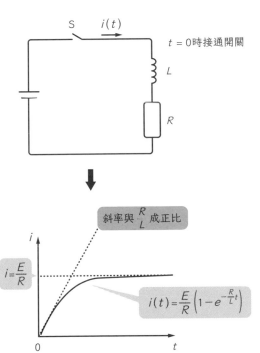

S $i(t)$

$t = 0$時接通開關

L

R

斜率與 $\frac{R}{L}$ 成正比

$i = \frac{E}{R}$

$i(t) = \frac{E}{R}\left(1 - e^{-\frac{R}{L}t}\right)$

i

0

t

*RL*串聯電路的暫態現象

線圈與電容　操控線圈的能量

45

電容
～運用絕緣體製作巧妙的機關～

電容是利用靜電性質發揮功能的零件。電容內有阻止電流通過的絕緣體，擁有與靜電感應相反的性質。

電容與線圈類似，都可以儲存能量。最大的差別在於，即使在電流沒有接通的狀態，電容也能夠儲存能量。

靜電荷（靜止的電荷）

■導體內部或絕緣體表面電荷分布不均時，會產生靜電荷。帶有靜電荷的物體，就叫做**帶電體**。

■**靜電荷**顧名思義，就是不會動的電荷。可以是正電或負電。

靜電感應

■帶有靜電的帶電體靠近導體時，會使導體靠近帶電體的一面產生極性相反的電荷。帶電體遠離時，會恢復本原的狀態。這種現象就叫做**靜電感應**。

■靜電感應產生的正電荷量與負電荷量永遠都相同，帶電體的電荷量越大，可以感應出越強的電荷。

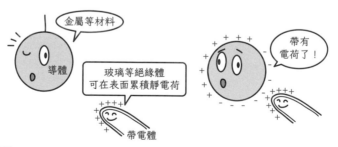

靜電感應

靜電荷（static electricity）…靜止於一處的電荷。因為不會移動，所以不會產生電流。可以是正電荷，也可以是負電荷。

靜電感應（electrostatic induction）…參考正文。

⊶ 靜電力

- 靜電可以讓兩個帶有不同電荷的物體彼此吸引，也會讓兩個帶有相同電荷的物體彼此排斥。這叫做**靜電力**。靜電力會因為電荷的正／負，而產生吸引力、排斥力，和磁力有些相似。

靜電力

⊶ 電容

- **電容**的結構是在兩片金屬板，中間夾著絕緣體。
- 對這兩枚金屬板施加直流電壓後，會讓金屬板帶有正／負電荷，而被金屬板夾著的絕緣體內部則會產生靜電感應。
- 所以絕緣體內部的正／負電荷會被吸引到靠近金屬板的地方。
- 被吸引過來的電荷為靜電，因為在絕緣體內，所以會保持在固定位置而不移動。

電容的運作機制

⊶ 電容的性質

- 對電容施加電壓時，可使其內部累積電荷。
- 可累積的電荷量Q，與電容被施加的電壓V成正比。此時的比例常數C稱為**靜電容量**（**電容量**）。C的單位為（F）（**法拉**）。

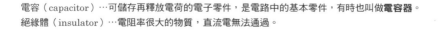

電容（capacitor）…可儲存再釋放電荷的電子零件，是電路中的基本零件，有時也叫做**電容器**。
絕緣體（insulator）…電阻率很大的物質，直流電無法通過。

$$Q = CV$$

■電容所使用的絕緣體叫做**介電質**。一般會以**電容率**（表示累積電荷能力的係數）很大的絕緣體做為介電質。

■各種電容的靜電容量大小，可由以下關係式決定。

使用介電質的電容率：ε

介電質的厚度：d

使用金屬板（電極）的面積：S

$$C = \varepsilon \frac{S}{d}$$

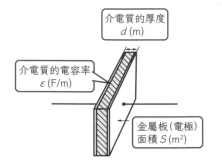

介電質的厚度 d (m)

介電質的電容率 ε (F/m)

金屬板（電極）面積 S (m²)

■電容器的靜電容量通常是非常小的數值。單位通常會用（μF）（**微法拉**）（＝10^{-6} F）、（pF）（**皮法拉**）（＝10^{-12} F）。

電容器儲存的能量

■對電容器施加電壓後，可在電容內部累積電荷。也就是說，施加電壓後，電容就會開始儲存靜電能量。

■不過，即使施加電壓，電容兩端的電壓也不會馬上增加。電容會花上一段時間儲存能量，這段期間內，電流會保持流動（請參考次頁專欄）。

■電容可儲存的能量，與電容的靜電容量大小成正比，如下所示。

$$U = \frac{1}{2}CV^2$$

■另一方面，電容儲存的靜電能量與線圈儲存的磁場能量不同。即使去除電壓，電容仍會保留它的靜電能量。這是因為電容內部仍保留電荷。也就是說，因為還留有電壓，所以有電池般的功能。

■在電容開始釋放出本身儲存的能量後，電容的電壓會逐漸下降。

■像這樣利用電容的性質，以蓄電為目的開發出來的大容量電容，可稱為**電容器**。

電容率（permittivity）…表示絕緣體內部電荷移動能力的係數。

電容量（capacitance）…電容的靜電容量。若1V的電壓可累積1C的電荷，則電容量為1F。

電容內部「含絕緣體，故即使施加電壓，也不會有電流通過」

······應該是這樣才對，但是！

接上直流電源後，因為「靜電感應」的關係，會有瞬間的電流通過，而在電流通過的期間，電容會累積電荷。

電流斷開後，電容內存在電壓（電位差），但因為電容內部「含有絕緣體，故不會有電流通過」，所以電荷無法流出，而是一直保持著電壓。在電路沒有接通的情況下，能量就會一直累積著。

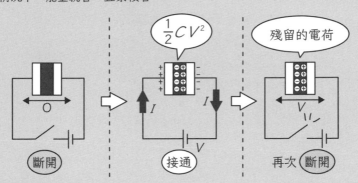

$\frac{1}{2}CV^2$　殘留的電荷

（斷開）　（接通）　再次（斷開）

電容的性質

電容可藉由累積的能量，抑制電壓的變化。

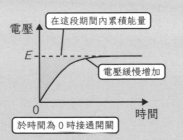

在這段期間內累積能量

電壓

E

電壓緩慢增加

0　　時間

於時間為 0 時接通開關

電容器的電壓及時間的關係

電荷$Q=CV$
電壓就像浴缸的深度，
電荷就像熱水水量，
而電容量C就像浴缸的面積

電容與浴缸

電容器（capacitor）…應用雙電層現象發揮功能的電容，靜電容量可達1F或2F，故可作為蓄電裝置使用。
正確名稱為EDLC（Electric Double-Layer Capacitor），通常簡稱為capacitor。

49

於線圈與電容上施加交流電壓
～重點在電壓與電流方向的差異～

不管是線圈還是電容，施加交流電壓後，都會有交流電流通。

交流電壓會在正／負之間持續切換，線圈與電流也會跟著產生不同變化。

以下讓我們來看看線圈與電容對電流的反應有什麼不同吧。

在線圈上施加交流電壓

■線圈接上交流電後，會產生以下反應。

①電壓增加時，線圈會因為電磁感應而產生感應電動勢。

　這會讓通過線圈的電流緩慢增加。

②不過，在交流電的電壓達到最大值時，線圈會產生與被施加之電壓方向相反、大小相同的感應電動勢，且不會有電流流通。

③接著，隨著電壓的減少，感應電動勢也會跟著下降，使線圈開始產生正向的電流。

④電壓歸零時，電流會達到最大，線圈累積的能量也會達到最大。

⑤在這之後，電壓轉為負向，線圈便會開始釋放出能量。

在電容上施加交流電壓

■電容接上交流電後，會產生以下反應。

①隨著電壓增加，電容會因為靜電感應，於電路產生電流，並緩慢累積電荷。

②交流電電壓達到最大值時，靜電感應結束，電容不再有電流通過。

③接著電壓開始減少，使電容緩慢釋放出累積的電荷，產生負向電流。

④電壓轉負的瞬間，電容電荷也釋放完畢。

⑤在電壓為負的期間，電容會累積負電荷，並產生與電壓為正時方向相反的電流。

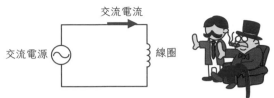

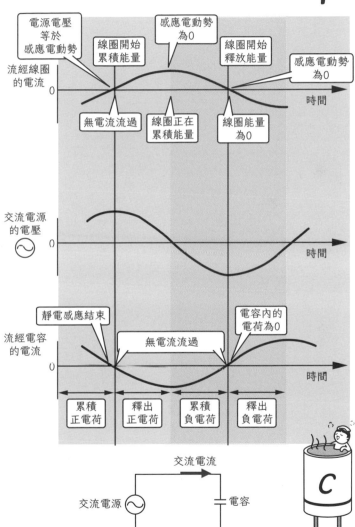

交流電流

電源電壓
等於
感應電動勢

感應電動勢
為0

線圈開始
累積能量

線圈開始
釋放能量

感應電動勢
為0

流經線圈
的電流

時間

無電流流過

線圈正在
累積能量

線圈能量
為0

交流電源
的電壓

時間

靜電感應結束

電容內的
電荷為0

流經電容
的電流

無電流流過

時間

| 累積 正電荷 | 釋出 正電荷 | 累積 負電荷 | 釋出 負電荷 |

交流電流

交流電源　　　　　電容

施加交流電壓（中央）後，線圈電流（上）與電容電流（下）的差異

電抗與阻抗
～以頻率改變電流流過的難度～

阻抗表示交流電壓與交流電流之間的關係，單位為（Ω）。阻抗是「電阻」與「電抗」組合而成的物理量。
電抗表示交流電的電流流過線圈或電容的難度。

■ 電阻

- **電阻**亦可表示交流電電流通過的難度。
- 使用交流電時，電阻大小仍會服從歐姆定律，是電壓與電流的比例常數。
- 另外，即使交流頻率改變，電阻的大小仍為同一數值。

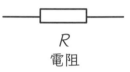

R
電阻

電阻的電路符號

■ 電抗

- 對線圈或電容施加交流電壓時，會產生交流電流。它們與電阻一樣，會增加電流通過的難度。
- 線圈或電容對電流的阻礙程度，亦為交流電壓與交流電流的比例常數（相當於電阻），稱為電抗。**電抗**會隨著交流的頻率而改變。
- 電抗的符號為X，單位為〔Ω〕。

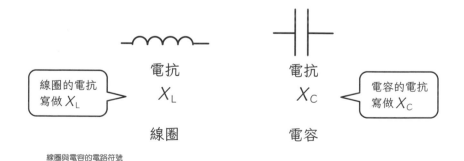

線圈的電抗寫做 X_L

電抗
X_L
線圈

電抗
X_C
電容

電容的電抗寫做 X_C

線圈與電容的電路符號

電抗（reactance）…在含有線圈或電容的交流電路中，電壓與電流的比。電抗的單位為（Ω）。不過電抗與電阻不同，不會消耗電力。

阻抗

- 如同我們在前一頁中說的，電阻值不會隨著電流頻率改變，電抗卻會隨著電流頻率改變。電阻與電抗可合稱為**阻抗**。
- 也就是說，交流電電壓與交流電電流的比例常數 Z（Ω）就是阻抗。
- 阻抗的符號為 Z，單位為（Ω）。
- 若使用阻抗的符號，在交流電的情況下也可寫出歐姆定律的關係式如下。

$$V = ZI$$

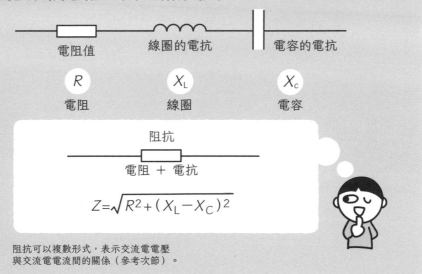

什麼是阻抗

公式可寫成

Z（阻抗）$= R$（電阻）$+ X$（電抗）

不過阻抗需從複數的觀點思考（參考次節），阻抗大小並非單純將「電阻數值」與「電抗數值」相加。
阻抗大小可用絕對值 $|Z|$ 表示，計算方式如下。

電阻值　　　線圈的電抗　　　電容的電抗

R　　　X_L　　　X_c
電阻　　　線圈　　　電容

阻抗
―――――
電阻 + 電抗

$$Z = \sqrt{R^2 + (X_L - X_C)^2}$$

阻抗可以複數形式，表示交流電電壓
與交流電電流間的關係（參考次節）。

阻抗（impedance）…表示交流電電流通過的難度。交流電有所謂的相位，故阻抗需以複數表示。描述阻抗大小時，單位為（Ω）。

以阻抗表示交流電路
～用虛數表示會方便許多！～

電源頻率不同時，線圈或電容的電抗也不一樣，故描述阻抗時，不能僅以實數表示。

不過，如果使用虛數，就能完美描述阻抗。

∎⊶ 符號法

- 阻抗是一個比例常數，用以描述交流電電壓與交流電電流間的關係。
- 交流電路中，電壓與電流不只在大小上彼此相關，在相位上也彼此相關（至於什麼是相位，請參考第122頁的5-3節）。

  若要同時表示「電壓與相位」、「電流與相位」等兩種不同單位的物理量，需使用複數。這種方法也叫做**符號法**。
- 寫出複數時，需使用虛數單位 j。

> 複數
> （實部＋虛部）
> $\bigcirc + j\triangle$
>
> 虛數單位 $j^2 = -1$
>
> 為了不要與電流的 i 搞混，所以這裡用 j。

∎⊶ 符號法中虛部的處理方式

- 符號法可用來表示線圈或電容的相位變化。
- 若相位提前 $\frac{\pi}{2}$（$90°$），需多一個 j。

  若相位延後 $\frac{\pi}{2}$（$90°$），需多一個 $-j$。

> 電阻的阻抗就是該數值
> （直流電與交流電皆為相同數值）

$$\dot{Z}_R = R$$

> 電容的阻抗

$$\dot{Z}_C = \frac{1}{j\omega C}$$

> 線圈的阻抗

$$\dot{Z}_L = j\omega L$$

其中，$\omega = 2\pi f$。
ω 為角頻率，單位為（rad/s）。

電阻、電容與線圈的電抗

虛數（imaginary number）…平方後為負數的虛構數值。這些數不在由實數構成的數線上。在電學領域中會用 i 來描述電流，所以改用 j 來描述虛數單位。$j^2 = -1$。

表示是複數的點

■我們可以用符號法，將正弦波的交流電壓寫成以下形式。

$$\dot{v}=\sqrt{2}\ V\sin \omega t=Ve^{-j\omega t}$$

若要顯示該變數為複數，可在變數上方加上一個點，寫成 $\dot{V}$、$\dot{Z}_L$、$\dot{I}$ 的樣子。

■**RLC串聯電路**（電阻、線圈、電容以串連方式連接的交流電路）中的電壓為

$$\dot{V}=\dot{V}_R+\dot{V}_L+\dot{V}_C=R\dot{I}+j\omega L\dot{I}+\frac{1}{j\omega C}\dot{I}$$

$$=R\dot{I}+j\left(\omega L-\frac{1}{\omega C}\right)\dot{I}$$

■此時電路的阻抗為

$$\dot{Z}=R+j\left(\omega L-\frac{1}{\omega C}\right)$$

■阻抗的大小為

$$|\dot{Z}|=\sqrt{R^2+\left(\omega L-\frac{1}{\omega C}\right)^2}$$

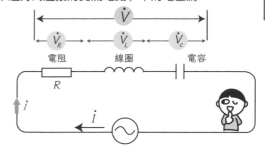

RLC 串聯電路的電壓

IH爐

IH爐的IH是Induction Heating（感應加熱）的首字母。IH爐可透過電磁感應，加熱金屬鍋（參考7-9節，第172頁）。

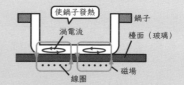

①線圈通以交流電時，電流產生的磁場方向會依照交流電的頻率，在N與S間反覆切換。

②若將鐵等磁性材料製成的鍋子放在線圈上，磁力線會穿過鍋子的金屬部分。

③這會讓鍋子內部發生電磁感應現象，產生感應電動勢。

④金屬鍋可導電，故感應電動勢可讓鍋子內部產生電流（電流會繞鍋子一圈，故稱為渦電流）。

⑤渦電流會產生焦耳熱，提高鍋子的溫度。

電磁感應產生的感應電動勢，與電流變化的速度成正比。
舉例來說，10kHz的高頻電流於1秒內可在正向與負向間切換1萬次。每切換一次，磁場方向就會改變一次。也就是說，電流頻率越高，感應電動勢就越大，發熱量也越大。
由以上原理可以知道，容易被磁化、導電度高的（鐵製）鍋子，較適合用IH爐加熱。

複數（complex number）⋯可同時表示實數與虛數的數，寫成 $A+jB$。這裡的 A 是實部，B 是虛部，j 是虛數單位。

交流電的功率
～想知道真正的功率～

直流電中，電壓大小（V）乘上電流大小（A）後，便可得到功率（W）。另外，交流電的有效值大小可視為「可提供相同能量之直流電」。

不過交流電電壓的有效值，乘上交流電電流的有效值，並不會得到交流電的功率。

事實上，電容與線圈的作用會讓電壓及電流產生相位差，故計算功率時，需考慮到相位差才行。

■━━○ 瞬間功率

■設交流電電壓與交流電電流皆為正弦波，相位差為 θ。若將每個瞬間的交流電電壓與交流電電流分別相乘，可以得到瞬間功率。**瞬間功率**並非定值，而是會隨著時間改變。

■當交流電的電壓為正，電流為負時，瞬間功率為負。瞬間為負的功率，可以和其他瞬間的功率抵銷，抵銷後的結果可以視為交流電的有效功率。

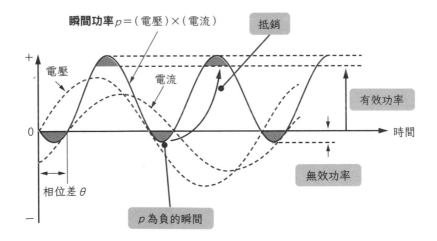

瞬間功率 p＝（電壓）×（電流）　抵銷

電壓　電流　有效功率

0　時間

相位差 θ　無效功率

p 為負的瞬間

....

有效功率（active power）…參考正文。

無效功率（reactive power）…參考正文。

有效功率與無效功率、視功率

- 抵銷後得到的功率有效值，就叫做**有效功率**。這也是所謂的**消耗功率**。
- 負數值、抵銷用的功率稱為**無效功率**。
- 此外，電壓有效值與電流有效值的乘積，叫做**視功率**。
- 三者的符號、單位、單位讀法如下。

    有效功率：符號 P、單位（W），讀做「瓦特」。

    無效功率：符號 Q、單位（var），讀做「乏」。

    視功率：符號 S，單位（VA），讀做「VA」。

交流電之三種功率間的關係（功率因數）

- 電壓與電流間的相位差會產生無效功率。相位差越大，有效功率就越小。另一方面，視功率僅由有效值決定，即使相位差改變，視功率仍不會有變化。
- 我們可以用**功率因數**來描述這些功率之間的關係。功率因數 PF 為有效功率 P 與視功率 S 的比例。

$$PF = \frac{P}{S} \times 100 \quad （\%）$$

- 當電壓、電流皆為正弦波時，設電壓與電流的有效值分別為 V 與 I，那麼三種功率可分別計算如下。

$$無效功率：\quad Q = VI \sin\theta$$
$$有效功率：\quad P = VI \cos\theta$$
$$視功率\quad：\quad S = VI$$

- 電壓、電流皆為正弦波時，功率因數為 $\cos\theta$，故有時也會直接將 $\cos\theta$ 稱為功率因數，而 θ 也叫做功率因數角。

三種功率的關係
電壓、電流皆為正弦波時，三種功率的關係如右所示，是一個直角三角形。

視功率 S (VA)

$S = VI$

無效功率 Q (var)

$Q = VI \sin\theta$

θ

有效功率 P (W)

$P = VI \cos\theta$

視功率（apparent power）…參考正文。
功率因數（power factor）…參考正文。

線圈與電容　交流電的功率

Switching.

第 3 章　電力電子的基礎

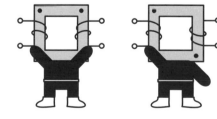

3-1

開關模式電源
～快速切換調整電壓～

電力電子裝置可藉由切換開關，改變電力種類。說到開關，可能會讓你聯想到「為控制通電或斷電，而有ON或OFF兩種狀態的裝置」，不過在電力電子的世界中，會因為其他原因而使用開關。

電力電子裝置中，會快速切換ON／OFF，這種裝置叫做開關模式電源。

平均電壓

■試考慮一個直流電源與電阻間存在開關的電路。如下圖所示，在直流電壓下，電阻兩端存在電壓 E（V）；斷開開關後電壓會變成0。

■若快速且多次切換開關的ON／OFF，電阻兩端的電壓會在 E 與0之間持續變化，可視為有個平均電壓。

■在電源電壓固定的情況下，**平均電壓**與ON／OFF的時間比例成正比。

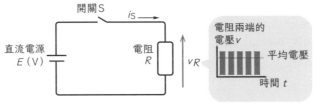

平均電壓

工作因數

■開關以一定週期反覆在ON／OFF間切換時，電壓處於ON的時間比例稱為**工作因數**。

■調節工作因數，就可以得到想要的平均電壓。

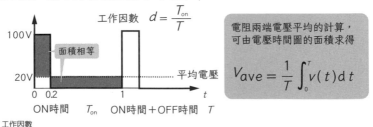

工作因數 $d = \dfrac{T_{on}}{T}$

電阻兩端電壓平均的計算，可由電壓時間圖的面積求得

$$V_{ave} = \frac{1}{T}\int_0^T v(t)\,dt$$

工作因數

開關模式電源下的平均電壓

■舉例來說，設直流電源的電壓為100V。在開關接通時，電阻兩端電壓為100V；開關斷開時，電阻兩端電壓為0V。

■若想讓10Ω電阻的平均電壓為20V，工作因數應該要多少？讓我們來算算看吧。

工作因數 $d = \dfrac{T_{on}}{T}$

平均電壓 $V_{ave} = dE$ ，故工作因數為

$$d = \frac{（平均電壓）}{（電源電壓）} = \frac{20\,V}{100\,V} = 0.2$$

若希望平均電壓為20V，應準備工作因數為0.2的開關模式電源。

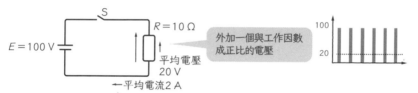

開關模式電源的頻率

■單位時間（1秒）內，開關切換到ON的次數，叫做**開關頻率**。開關頻率的單位為（Hz）。

■一般來說，控制電壓的開關頻率通常在每秒1000次以上（1000Hz＝1kHz）。

■以這裡說明的方式控制電壓的方法或電路，稱為**截波器**（chopper，切肉刀）。

截波器

開關頻率（switching frequency）…開關ON的時間與OFF的時間之和（**開關週期**）的倒數，或是一秒內開關切換到ON的次數。

截波器（chopper）…因為會讓電壓變得斷斷續續，故稱為chopper（切肉刀）。

3-2

線圈的功能
～製造出平滑電路以防止電流中斷～

開關模式電源可以調節平均電壓，但是也會讓電壓與電流變得一段一段（斷續）。

為了避免電壓斷續，我們可以透過電力電子裝置，將電流平滑化。平滑化時使用的電路，就叫做平滑電路。

平滑電路

- **平滑電路**可由電感L、二極體D、電容C構成。
- 僅由開關控制的平滑電路，需將電感L與二極體D配置如右圖。

- 此時各部位的電壓、電流如下圖。

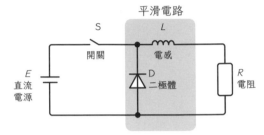

平滑電路（電感與二極體）

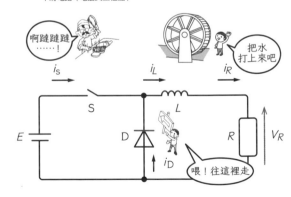

平滑電路的電壓、電流

開關ON時

- 流經開關的電流i_S的路徑如下圖所示，為
  【電源正極】→【電感L】→【電阻R】→【電源負極】。
- 電感D的外加電壓為反極性，故二極體（參考第4章）沒有導通（無電流流過）。
- 因此，各部位的電流大小相同$i_S = i_L = i_R$。

電感（inductor）…將線圈作為電子零件使用時，常稱為電感。

二極體（diode）…電力電子裝置的一種，可依照外加電壓的極性切換ON／OFF的狀態，請參考第4章。

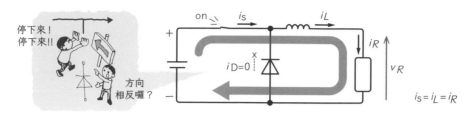

平滑電路的開關為 ON 時（二極體未導通）

$i_s = i_L = i_R$

- ■開關 S 接通時，電感 L 與承載電阻 R 所構成的 RL 串聯電路會產生**暫態現象**，使通過各部位的電流緩緩上升。
- ■開關 S 接通時，電感 L 有電流流過，電感累積的能量大小與電感成正比，可用以下式子表示。

$$U_m = \frac{1}{2} L i_L^2$$

累積磁場能量

開關OFF時 ①電感釋出能量

- ■開關 S 斷開時，電源就不再提供電流給電感。
- ■不過，電感本身已累積了能量，故電感的電流不會馬上歸零，而是如下圖般，將累積磁場能量轉變成電動勢，形成電流。
- ■就這樣，電感擁有「減少電流變化」的性質。也就是說，在開關斷開後，電感仍會持續產生朝同一方向流動的電流。

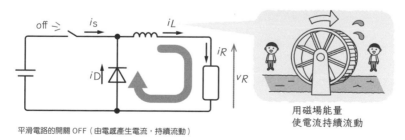

平滑電路的開關 OFF（由電感產生電流，持續流動）

用磁場能量
使電流持續流動

平滑電路（smoothing circuit）…參考正文。

暫態現象（transient phenomenon）…從某個穩定狀態轉變到另一個穩定狀態的過程中，電壓與電流會隨著時間改變的現象。產生暫態現象的期間，叫做**暫態**。

⬛🔘 開關OFF時 ②二極體的續流

■ 如前頁所述，電感累積的磁場能量會轉變成電動勢，即電流的來源。這個電流流過電阻R後，可導通二極體D。這種現象叫做**續流**。

■ 也就是說，開關斷開時，會產生電流i_D。此時$i_D=i_L=i_R$，且$i_S=0$。

■ 此時流通的電流路徑為

【電感L】→【電阻R】→【二極體D】→【電感L】。

■ 不過，電感累積的磁場能量開始釋出後會越來越弱，所以這個環狀路徑的電流也會越來越小。

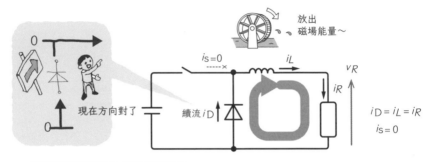

平滑電路的開關斷開時（二極體產生續流電流）

⬛🔘 雖可防止電流斷斷續續，卻會造成電流變動（漣波）

■ 以上述方式反覆切換開關，通過電阻R的電流會在i_S與i_D之間交互切換。

■ 因此，電阻R的電流i_R的波形如下圖所示，開關ON時電流越來越大，OFF時電流越來越小。

■ 所以說，平滑電路的電流不會斷斷續續，卻會持續變動。這種週期性的變動就叫做**漣波**。

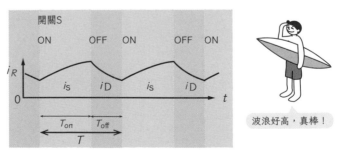

漣波

波浪好高，真棒！

續流（free wheeling）…線圈釋放出的電動勢。以續流為目的而設置的二極體，稱為**續流二極體**。

漣波（ripple）…電流、電壓的脈動（週期性變動）。

🔲 電力變換

電力電子學是透過改變電力形式來運用電能的技術。改變電力形式的過程稱為**電力變換**。如果電力形式是直流電，那麼電壓和電流為固定值。但如果是交流電，那麼不只要知道電壓與電流的大小，還要知道頻率、相位、相數，才能確定電力的形式。

各種電力變換方式如圖所示。從圖中左上的交流電轉變成直流電的轉換，叫做**整流**。

而將直流電的電壓、電流，轉變成數值不同的電壓、電流時，稱為**直流變換**；將交流電轉變成頻率、電壓不同的交流電時，稱為**交流變換**。將直流電轉變成交流電的過程，稱為**逆變**。

整流
（將交流電轉變成直流電）

交流 ⟹ 直流

交流變換　　　　　⤒　　　　⤓　　　直流變換
（改變頻率、電壓）　　　　　　　　　　（改變電壓、電流）

交流 ⟸ 直流

逆變
（將直流電轉變成交流電）

各種電力變換

這裡說明一下為什麼要叫做「逆」變。在電力電子學出現以前，人們使用發電機、真空管來轉換電力。當時只有直流馬達可以調整轉速。而要控制直流馬達時，需要將商用電源的交流電轉換成直流電才行。所以在過去很長的一段時間內，人們將交流電轉變成直流電的過程稱為電力變換。不過隨著電力電子學的出現，人們得以將直流電轉換成交流電，這是與過去的電力變換方向相反的轉換，所以被稱為逆變。相對於此，過去人們將交流電轉換成直流電的過程，就被稱為整流。逆變的英語叫做invert，所以將直流電轉變成交流電的電路或裝置，就叫做**逆變器**（inverter）。

如前所述，電力變換有很多種，不過本書會以電力電子機器中較常見的逆變器與**DC-DC變換器**（直流變換）為主要說明對象。

3-3

電容的功能
～降低電流的漣波～

如前節所述，使用電感與二極體的平滑電路，可讓電流不再斷斷續續，卻還是有漣波。

接下來，我們會設法減少漣波，而這裡會用到電容。

⊶ 電容

■我們可以再追加電容，建構以下電路，以降低漣波。

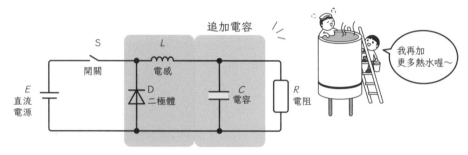

在平滑電路中追加電容

■如下圖所示，設電容的電壓為 v_C、電流為 i_C。

■電流 i_C 通過電容時，電容的電壓 v_C 會逐漸上升，讓電容開始累積靜電能量。這種現象也稱為電容**充電**。此時 $v_C = v_R$。

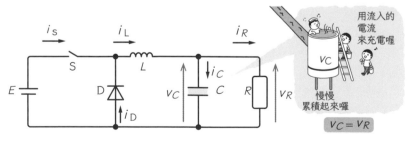

各部位的電壓與電流

充電（charge）⋯電容或電池累積能量的過程。電容充電時，會在內部累積電荷。

■—° 開關接通時（充電）

■開關接通期間，通過電阻的電流為 i_R。同時，電容會開始充電。電容在這段期間內累積的能量可表示如下。

$$U_C = \frac{1}{2} C v_C^2$$

■這段期間內，為電容充電的電流 i_C 會持續流入電容，相對地，流入電阻的電流 i_R 就會減少。也就是說，流入電阻之電流 i_R 的上升情況會趨緩。

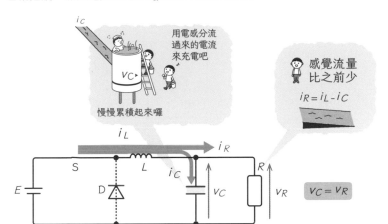

開關 ON 時，可為電容充電

■充電會一直持續到電容電壓 v_C 等於電源電壓 E 為止。

■充電結束後，不再有電流流向電容。此時 $i_C = 0$、$i_R = i_L$。也就是說，充電結束後，來自電感的電流 i_L 會全數通過電阻。此時，$v_C = E$。

充電結束，流過電容的電流也會停下

....

放電（discharge）…電容或電池放出能量的過程。氣體不再絕緣時，也會「放電」（譬如雷電），不過和這裡的放電意思不同。

平滑電容器（smoothing capacitor）…平滑電路時所使用的電容。

開關斷開時（放電）

- 開關斷開的期間（下圖），與電源斷開的電容會開始釋放累積的靜電能量，這個過程叫做**放電**。
- 放電時產生的能量為電流 i_C，再加上電感的電流 i_L，可以得到 $i_R = i_L + i_C$，故會增加電阻的電流 i_R。
- 因為會逐漸釋出能量，故電容的電壓 v_C 會逐漸下降。

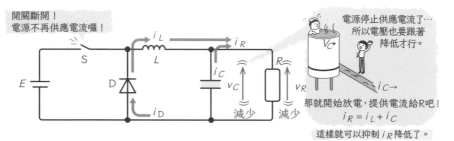

開關斷開！
電源不再供應電流囉！

電源停止供應電流了⋯
所以電壓也要跟著降低才行。

那就開始放電，提供電流給R吧！
$$i_R = i_L + i_C$$

這樣就可以抑制 i_R 降低了。

i_R 減少時，v_R 也會跟著下降。如此一來，並聯電容的 v_C 也會跟著下降，使電容開始放電，產生 i_C 電流流出。

開關 OFF（電容放電）

- 如下圖所示，電容充電、放電時的電流，可減輕開關模式電源造成的電流漣波。
- 加入電容後，電壓的波形仍含有漣波，不過電感電動勢所產生的電壓漣波已被電容平滑化了，所以整體電流的漣波也會變小。

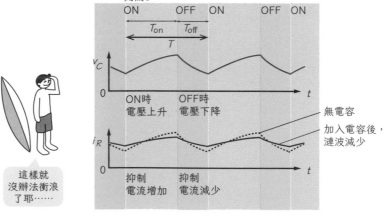

開關S

ON時
電壓上升

OFF時
電壓下降

無電容

加入電容後，
漣波減少

抑制
電流增加

抑制
電流減少

這樣就
沒辦法衝浪
了耶⋯⋯

電容造成的漣波減少

⊶ 平滑電容

- 如下圖所示，如果電容C的容量足夠大，電阻兩端的電壓v_R就會幾乎保持在一定數值 V_R。
- 這時的電容就叫做**平滑電容器**。

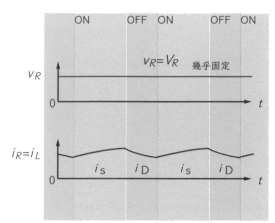

電壓沒有波動啊

平滑電容器可降低電壓漣波

⊶ 整理：控制電壓、電流

- 以開關模式電源控制平均電壓，再透過平滑電路將電壓平滑化之後，雖然還會留下一些 漣波，不過這樣確實可以得到接近直流電的電壓與電流。
- 由歐姆定律，只要控制平均電壓，就可以控制流經電阻的平均電流大小了。
- 這裡要注意的是，電阻R的大小如果有變化，電壓或電流的漣波大小也會跟著改變。
- 平滑電路的電感L與電容C越大，就越能抑制漣波。不過就現實而言，要做出那麼大的 電容並不容易，故一般會依照電阻R的大小，選擇適當的L與C搭配。

降壓截波器
～降低電壓的基本電路～

前一節中說明的平滑電路又叫做降壓截波器。

降壓截波器可以「將輸入的直流電,變換成電壓較低的直流電」。

調整降壓截波器的工作因數,就可以改變輸出電壓的大小,兩者成正比。

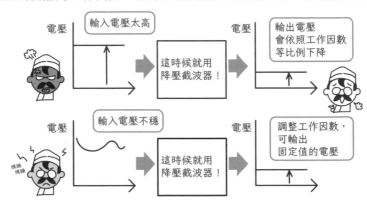

降壓截波器的用途

▦⊶ 降壓截波器

■如上圖所示,**降壓截波器**不只能降低輸入電壓,當輸入電壓不穩定時,調整降壓截波器的工作因數,就可控制輸出電壓在一個固定的數值。故降壓截波器常用於將不穩定的輸入電壓,變換成穩定的輸出電壓上。

■以下電路可說明不使用平滑電容的降壓截波器如何穩定電壓。

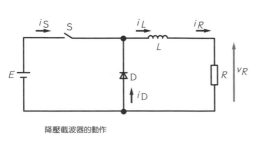

降壓截波器的動作

(1)開關S接通

電流沿著

　　【E】→【L】→【R】→【E】

的路徑流動。此時各部位的電流為

$$i_S = i_L = i_R$$

(2)開關S斷開

電感釋出累積的能量,即使開關斷開,電流也不會馬上歸零,而是會沿著

　　【L】→【R】→【D】

的路徑流動(能量守恆定律)。此時各部位的電流為

$$i_D = i_L = i_R$$

降壓截波器(step-down chopper, buck converter)…參考正文。

降壓截波器的電壓

- 接下來要說明降壓截波器電路中，各部位的電壓在ON／OFF切換時，會有甚麼樣的變化。

- 隨著ON／OFF的切換，輸出電壓 v_R 會在 E 與 0 之間變化。

- 輸出電壓可拆成兩個部分，分別是作為平均值的直流成分，以及隨時間變動的交流成分。輸出波形 v_R 可以用右圖中的式子表示。

- 其中，一段時間內的交流電電壓平均為 0，故我們可以將 v_R 的平均值，也就是直流成分 V_R，視為輸出電壓。

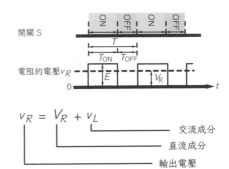

$$v_R = V_R + v_L$$

交流成分
直流成分
輸出電壓

輸出電壓 v_R 的波形

電感兩端的電壓

- 電感的電壓會如右圖變化。
  開關ON期間：$v_L = E - V_R$
  （輸入與輸出的電壓差）
  開關OFF期間：$v_L = V_R$
  （沒有接通電源，故由電感提供輸出電壓）

- 電感累積的能量與釋放的能量相同（能量守恆定律）。

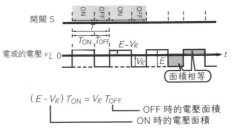

$$(E - V_R)T_{ON} = V_R T_{OFF}$$

OFF 時的電壓面積
ON 時的電壓面積

電感電壓 v_L 的波形

- 可想成「ON時的波形與OFF時的波形有相同面積」（面積相等就表示能量相等）。

- 由這層關係，可以求得「輸出電壓平均值」與「工作因數」的關係，如下式所示。

$$V_R = \frac{T_{ON}}{T_{ON} + T_{OFF}} E = \frac{T_{ON}}{T} E = dE$$

輸出平均電壓
電源電壓
工作因數

降壓截波器的電流

■降壓截波器各部位的電流波形如下圖所示。電感電流 i_L 在開關ON的期間，會等於開關的電流 i_S；在開關OFF的期間，會等於二極體電流 i_D。

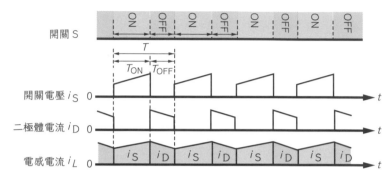

降壓截波器各部位的電流波形

開關ON的時候

■ON期間的開關電流 i_S 符合以下關係。

開關電流
$$E - V_R = L\frac{di_S}{dt}$$
電感大小
輸出電壓的平均值
電源電壓

■等式左邊為固定值，故等式右邊開關電流對時間的變化率 $\dfrac{di_S}{dt}$，與電感值 L 的乘積亦為固定值。

■也就是說，開關電流的每秒變化率（A/s）可視為斜率。不同的電感，電流就會以不同的斜率改變（增加）。

⊶ 開關OFF的時候

■OFF期間的二極體電流 i_D 符合以下關係。

■與前式相同，等式左邊為固定值，所以等式右邊「二極體電流變化率 $\dfrac{di_D}{dt}$」與「電感

L」的乘積也固定。$\dfrac{di_D}{dt}$ 為二極體電流 i_D 的每秒變化率（A/s），也就是圖中的斜率。

■也就是說，二極體的電流斜率可對應到電感數值。不同的電感，電流就會以不同的斜率改變（減少）。

■快速切換開關時，降壓截波器的輸出電流 i_R 由 i_S 與 i_D 輪流供應，故不會斷斷續續。

■另外，L 同時是 $\dfrac{di_S}{dt}$、$\dfrac{di_D}{dt}$ 的比例常數。L 越大，$\dfrac{di_S}{dt}$、$\dfrac{di_D}{dt}$ 的變化就會相對變小。

也就是說，電感越大，電阻電流 i_R 的變化就越和緩，使電流的漣波變小。

■總而言之，降壓截波器的輸出，就是供應電阻的電流，受電感的影響很大。

■另外，這種降壓截波器電路是基本的單位電路，常用於各種電力電子電路中。

電力電子的基礎　降壓截波器

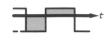

升壓截波器
～提升電壓的基本電路～

升壓截波器是另一個電力電子裝置的基本電路。
升壓截波器可以「將輸入的直流電，變換成電壓較高的直流電」。

■—○ 升壓截波器

■**升壓截波器**的電路如下圖所示。需要的零件與降壓截波器相同，配置卻不一樣。

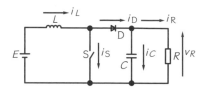

升壓截波器

■—○ 開關ON時的電流

■升壓截波器在開關ON時，通過開關之電流 i_S 會經過以下途徑。

【電源正極】→【L】→【電源負極】

■此時，因為有電流流過電感 L，故電感會開始累積磁場能量。
■另一方面，二極體 D 為逆極性，故不通電。通過電感的電流會全數流往開關。
■開關的電流 i_S 會流過電感，故會隨著時間經過而增加。

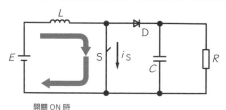

開關 ON 時

> 開關 ON 的期間中，電流會從電源流向電感，使電感逐漸累積的磁場能量。
>
> $$U_m = \frac{1}{2} L i_L^2$$

▐⊏ 開關OFF時的電流

■開關OFF時，通過升壓截波器開關的電流為零。不過，此時電感會開始釋放ON期間中累積的能量，在釋放完能量之前，電感的電流不會變成零（能量守恆定律）。

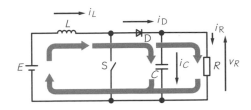

開關 OFF 的時候

■電感在開關ON期間累積的磁場能量會轉變成電動勢，加上電源 E 供應的電壓，可達到升壓的效果，此時電流會依照以下途徑流動。

【電源正極】→【 L 】→【 D 】→【 R 】→【電源負極】

■開關OFF期間，電阻 R 的電流為 i_R ，同時電容 C 的充電電流為 i_C 。

■就這樣，即使開關OFF，也會因為電感釋放出來的能量而達到升壓效果，所以電流不會馬上減少。雖然電感累積的能量逐漸減少，電流卻能持續流動而不會減少（能量守恆定律）。

▐⊏ 電感的電壓

■接著讓我們來看看升壓截波器在ON／OFF的時候，電感電壓 v_L 的變化（要特別注意的是，電路圖中用以表示電壓方向的箭頭，與波形正負的對應）。

■電感的電壓在ON時的波形面積，與在OFF時的波形面積相同。

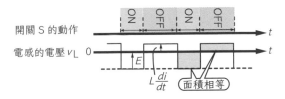

電感的電壓變化

開關ON時的電壓

■開關ON時，二極體為逆極性，故電流只會通過電感。
■因此，電感電壓 v_L 與電源電壓 E 相等，為定值。
■另外，電流變化率與電感 L 的乘積為定值。

$$v_L = E = L\frac{di_L}{dt}$$

開關OFF時的電壓

■開關OFF時，流過開關的電流 i_S 為零。電感則因為已累積了一定能量，所以通過電感的電流 i_L 不會馬上歸零，而是會有電流持續通過（能量守恆定律）。
■所謂「有電流通過」，換句話說就是「電感的電壓 v_L 比輸入電壓 E 還要高」的意思。
■而「電感產生的較高電壓」可導通二極體 D。
■這使電感將能量釋放至二極體，產生電流 i_D。
■由以上過程可以知道，在開關OFF期間，電感電壓 v_L 可以用以下算式表示。

$$v_L = E + L\frac{di_L}{dt}$$

■輸出電壓為電感放出的能量，再加上電源電壓 E，所以可以得到比 E 還要高的電壓。
■另外，電感累積的能量與釋放的能量相等。
■電感兩端的電壓 v_L 中，ON波形與OFF波形的面積相等。

升壓截波器的升壓作用

■由以上動作可以知道，電感可釋放出磁場能量，產生電動勢，進一步造成升壓作用。
■而升壓後的電壓可為電容 C 充電。

電容的角色

- 假設之前開關已多次切換ON／OFF狀態。由於電容C已因為之前的開關切換，累積了一定的能量，所以在開關為ON的期間中，電容C可做為電源，提供電流給電阻R。
- 因此，開關為ON的期間中，其實存在兩個電流迴路，如下圖所示。

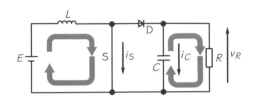

ON 時的電流

- 此時，開關兩端的電壓v_S會比電源電壓還要高。另外，電阻R的電壓也會比電源電壓還要高。如果電容夠大，那麼電阻R的電壓就會趨於定值。就結果而言，可得到較高的電壓。

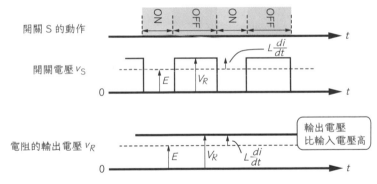

各部位電壓（電容夠大的時候）

升壓截波器的電流

- 接著要介紹的是升壓截波器各部位的電流。
- 從電源的角度看來，二極體為逆極性，所以在ON期間內，電流不會通過二極體，以下等式成立。

$$i_S = i_L$$

- 流過開關之電流 i_S 的時間變化率，會隨著電感 L 改變，如下式所示。L 越大，變化速度越慢。

$$E = L\frac{di_S}{dt}$$

- 另一方面，開關OFF時，電感累積的能量會轉變成電動勢，導通二極體，使電流 i_D 開始流動。不過，隨著電感累積的能量越來越少，這股電流也會越來越小。
- 電容會在OFF期間充電，故電流的關係如下所示。

$$i_D = i_C + i_R$$

- 另一方面，ON期間 i_D 為零，不過已充電的電容擁有能量，可提供電流給電阻。

$$i_R = i_C$$

- 設工作因數為 d，則升壓截波器的輸出電壓平均值可表示如下。

$$V_R = \frac{1}{1-d}E$$

- 分母為 $1-d$，故工作因數越大，可以得到越高的電壓。
- 不過，只有在能瞬間切換的理想開關中，這個式子才會成立，實際電路的升壓仍有其極限。

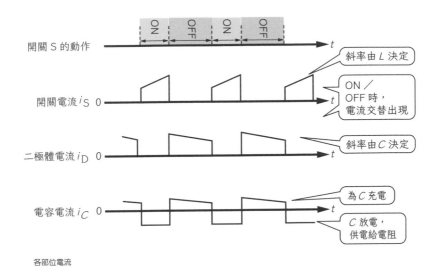

開關 S 的動作

斜率由 L 決定

開關電流 i_S 0

ON／OFF 時，電流交替出現

二極體電流 i_D 0

斜率由 C 決定

電容電流 i_C 0

為 C 充電

C 放電，供電給電阻

各部位電流

本節說明的升壓截波器為電力電子學的一種基本電路。

即使是複雜的電力電子電路，若詳細分析各個開關的動作，仍可用降壓截波器或升壓截波器來解釋每個開關的功能。

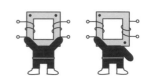

3-6

DC-DC變換器
～改變直流電電壓～

DC-DC變換器可以將直流電轉變成電壓、電流大小不同的直流電。DC-DC變換器可分為非絕緣型與絕緣型兩種。以下將以實際的電路，說明DC-DC變換器的運作機制。

非絕緣型

- 之前描述的降壓截波器、升壓截波器等將直流電變換成直流電的電路，皆屬於**DC-DC變換器**。
- 而在各種DC-DC變換器中，截波器又被叫做**非絕緣型DC-DC變換器**。
- 截波器的電路中，輸入與輸出的負極彼此相連，共用同一個電路。

絕緣型

- 相對於此，**絕緣型DC-DC變換器**則是輸入與輸出電路彼此絕緣的變壓器。
- 這種變換器中，輸入與輸出不會直接相連。這種絕緣型DC-DC變換器多會使用一種叫做**開關式調節器**的固定電壓電源。

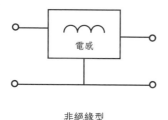

電感

非絕緣型

絕緣型與非絕緣型的差異

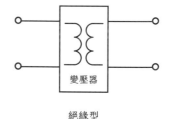

變壓器

絕緣型

調節器（regulator）…控制電壓、電流保持一定的控制器。除了電路之外，機械、軟體領域中也有叫做這個名稱的東西。

順向式變換器

順向式變換器的電路可以想成是「把降壓截波器的電感換成變壓器」後得到的電路。請注意到，右圖的變壓器線圈中，以「‧」標示線圈開始捲的位置。

順向式變換器所使用的變壓器中，線圈的捲法會使同一側的電壓有相同極性。

①開關ON時

➡變壓器的一次線圈（輸入側線圈）的電感，可讓電流 i_1 緩慢上升。

➡雖說是緩慢上升，不過變壓器一次線圈內的電流確實有在變化，所以會產生電磁感應現象，使二次線圈（輸出側線圈）產生同極性的電壓。

就這樣，變壓器一次線圈的電流變化，可透過電磁感應使二次線圈產生感應電動勢。一般人會有「變壓器只能用於交流電」的印象，不過直流電只要加上開關模式電源，就可以用變壓器變壓了。

➡二次線圈端所產生的感應電動勢，可導通二極體D_1，使二次線圈的電路產生與一次線圈波形相同的電流 i_T。而 $i_T = i_2$。

②開關OFF時

➡開關OFF時，二極體D_1未導通，故 i_T 為零。

➡不過，ON的期間中，電感累積的能量會轉變成電動勢，導通二極體D_2，產生電流 i_D。

➡因此 $i_D = i_2$。也就是說，ON與OFF所產生的輸出電流 i_2，是由 i_T 與 i_D 來輪流提供。

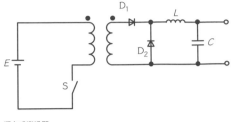

順向式變換器

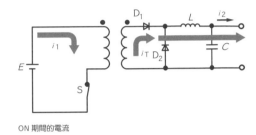

ON 期間的電流

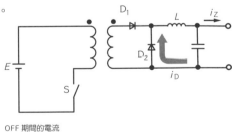

OFF 期間的電流

....

順向式變換器（forward converter）⋯參考正文。

③順向式變換器的電流變化

- ■ON時，一次線圈（輸入側）與二次線圈（輸出側）同時有電流流通。
- ■OFF時，兩者都沒有電流流通。
- ■順向式變換器有用到變壓器，一次線圈與二次線圈的線圈數比，可決定輸出電壓。
- ■再控制工作因數，就可以精密地調整電壓數值了。

返馳式變換器

返馳式變換器使用的是逆極性變壓器。變壓器的一次線圈、二次線圈捲的方向相反，所以「‧」的位置也相反。將升壓截波器的電感部分換成變壓器，就可以得到返馳式變換器了。

①開關ON時

- ■開關ON時，一次線圈有電流 i_1 流過。
- ■反向配置會造成逆極性，故二極體D無法導通，二次線圈不會有電流流過。
- ■開關ON時，一次線圈的電感會逐漸累積能量。

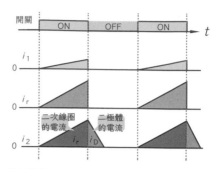

順向式變換器各部位的電流變化

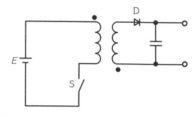

返馳式變換器

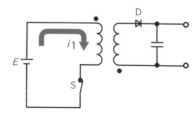

ON 時的電流

返馳式變換器（flyback converter）…參考正文。

②開關OFF時

■開關OFF時，一次線圈不會有電流流過。

■不過一次線圈的電感所累積的能量會轉變成電動勢，導通二極體D。

■變壓器的一次線圈釋放出先前累積能量時，二次線圈會產生電流i_2。

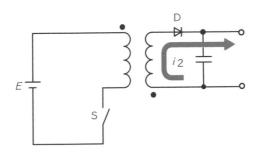

OFF 時的電流

③返馳式變換器運作時的電流變化

■開關ON的期間，一次線圈有電流i_1通過。

■開關OFF的期間，二次線圈有電流i_2通過。

■變壓器在ON期間累積的能量，會在OFF期間釋放出來。

■返馳式變換器會暫時將輸入的電力完全儲存在變壓器內，所以不適合用在大電流通過的大容量電路。不過，因為電路構成很簡單，所以常用在數百W以下的電源電路。

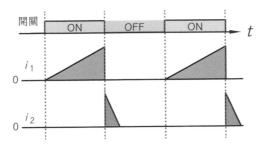

各部位的電流變化

除了以上介紹的裝置外，DC-DC變換器的電路還有很多種，每種變換器的輸出、用途各有不同。

變壓器的極性

- 變壓器一般用於交流電，比較不會有極性的問題。
- 不過，在使用開關模式電源控制直流電的電力電子電路中，就必須注意變壓器的極性。
- 這裡說的**變壓器極性**，取決於變壓器線圈的纏繞方式。
- 下圖中，線圈端點的「．」（dot）表示線圈纏繞的方向。線圈從有「．」的一端開始纏繞，而一次線圈、二次線圈電壓的正／負方向應一致。

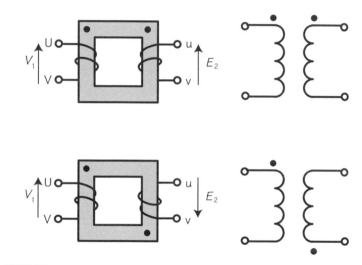

變壓器的極性

開關切換頻率與耳朵

電力電子學中，開關模式電源是基礎中的基礎。由半導體的功率元件特性可以知道，開關頻率越低，電力損失越少，進而提高電路的效率。

不過，近年來的電力電子產品中，頻率最低也有8kHz（每秒切換8000次），多數產品都使用切換頻率相當高的開關。

那麼，我們在決定開關頻率時要注意什麼呢？答案是人的耳朵。人耳可以聽到的頻率（聽覺頻率範圍）為20Hz～20kHz。不過隨著年紀的增長，聽覺頻率範圍會逐漸下降。大人最高只能聽到15kHz左右的音高。

那和開關的頻率有什麼關係呢？電力電子電路中一定有線圈（電感）。在開關ON／OFF的時候，線圈也會「咚」的一聲改變電壓。此時線圈會產生機械力（電磁力），開始運動。

也就是說，在ON與OFF的同時，線圈會受力，這種力又叫做**電磁共振力**。在電磁共振力的作用下，線圈本身，以至於周圍的零件都會開始振動，發出聲音，和揚聲器的原理相同。所以說，開關模式電源會產生噪音。

為了不讓人們聽到噪音，需將開關模式電源設定在適當的頻率。如果頻率是2～3kHz，我們人類就會聽到「嗶一」、「咻一」的聲音。過去某些電車會使用**DoReMiFa逆變器**，那個就是刻意將開關電源時產生的聲音音高，對上我們熟悉的音階。

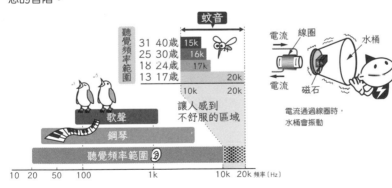

電流通過線圈時，水桶會振動

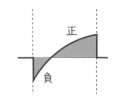

逆變器
～將直流電轉換成交流電～

逆變器可以將直流電轉變成交流電。
該如何做到這件事呢？首先來說明逆變器的原理。

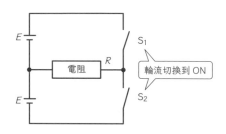

半橋式逆變器電路

半橋式逆變器

- 若要說明逆變器的原理，得先從半橋式逆變器開始說起。**半橋式逆變器**可以將直流電轉變成交流電。
- 如上圖所示，考慮由兩個直流電源與兩個開關構成的電路。兩個開關中，當 S_1 為ON時，S_2 為OFF；當 S_1 為OFF時，S_2 為ON。
- 也就是說，這兩個開關會輪流處於ON／OFF的階段（這種輪流輸出的方式，叫做**互補性輸出**）。

半橋式逆變器的電流

- 當半橋式逆變器的 S_1 為ON時，電阻 R 會產生由「右」到「左」的電流。
- 當半橋式逆變器的 S_1 為OFF、S_2 為ON，電阻 R 會產生由「左」到「右」的電流。

半橋式逆變器（half bridge inverter）…參考正文。

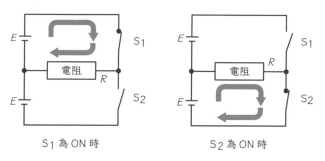

S₁ 為 ON 時　　　　　S₂ 為 ON 時

半橋式逆變器電路的運作

■半橋式逆變器運作時，S_1為ON時，電阻的電流方向，與S_2為ON時相反。
■因此，當S_1與S_2輪流為ON，並反覆切換，電阻R的電流就會反覆反轉極性。
■也就是說，電阻的電流會是交流電。

半橋式逆變器的電壓與電流

■半橋式逆變器運作時，電阻兩端的電壓會隨著開關的反覆切換，而在＋E與－E間變來變去。
■電阻兩端的電壓與電流波形如下圖所示。這種波形叫做方波。雖然不是正弦波，不過**方波也是一種交流電**。
■此時，通過電阻的電流大小，由電阻R、電壓E，以及歐姆定律 $\left(I = \dfrac{E}{R} \right)$ 決定。
■不過，如果要用半橋式逆變器來產生交流電，S_1為ON的時間需與S_2為ON的時間相等，且必須保持定值。

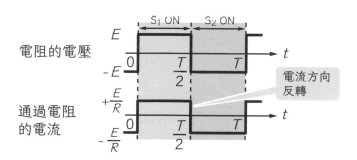

半橋式逆變器電路運作時的波形

- 也就是說，ON／OFF各一次的時間（週期）為交流電的週期。調整這個週期，就可以得到特定頻率的交流電。
- 半橋式逆變器很適合用來理解逆變器的原理，不過應用在實際電路上時，仍須注意以下幾點。

  首先，需要兩個直流電源。兩個電源就意味著，輸入電壓必須為輸出電壓的2倍。換句話說，輸入的直流電源電壓為2倍的2E，輸出的交流電壓振幅卻只有E。

  也就是說，交流電壓會是電源電壓的一半。而且兩個直流電源E需輪流使用，相當於只有利用到一半的時間，可以說是相當浪費時間的做法。
- 總之，不管從電壓的角度來看，還是從時間的角度來看，半橋式逆變器的電源利用效率都相當差。

▇▆ 全橋式逆變器

- **全橋式逆變器**的動作與半橋式逆變器相同，不過只需要一個直流電源E，就能完成逆變工作。
- 全橋式逆變器並非快速切換開關的ON／OFF，而是切換電源正負極的方向。
- 因此，開關 S₁ 與 S₂ 必須同時動作。這種電路在電阻兩端產生的電壓與電流一樣是方波。

  全橋式逆變器可以將一個直流電壓E，轉變成振幅為E的交流電壓，可完全使用輸入電壓而不浪費。而且，因為會一直用到電源E，沒有休息的時間，所以也不會有時間上的浪費。因此，一般會使用全橋式逆變器。
- 全橋式逆變器電路中，必須以開關反覆切換電路中的電流途徑。不過，半導體開關只能切換ON／OFF（通路或斷路），故用半導體製作全橋式逆變器時，需另費一番工夫。

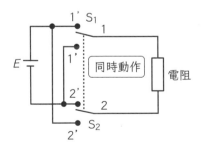

全橋式逆變器的電路

全橋式逆變器（full-bridge inverter）…參考正文。

H橋電路

- 欲實現半導體開關，需使用下圖般的電路。
- 切換開關時，需讓開關兩個兩個一組連動，輪流接通一組開關。這種電路形式叫做**H橋電路**。

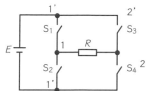

H橋電路

H橋電路的機制

- H橋電路可以依下圖切換正負極。電源的正極與開關S_1、S_3連接，電源的負極與開關S_2、S_4連接。
- 也就是說，共使用四個開關。當S_1與S_4為ON時，S_2與S_3為OFF；當S_2與S_3為ON時，S_1與S_4為OFF。
- 這麼一來，就可以實現與全橋式逆變器動作完全相同的電路了。

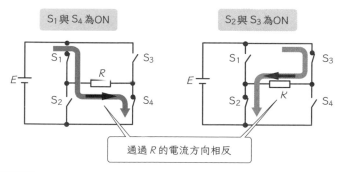

H橋電路的動作

....

H橋電路（H bridge circuit）…因為電路圖的形狀而得到這個名字。

逆變器的實際運作

■前面關於逆變器的說明中，輸出都是電阻。接下來要討論的是，把電阻換成 RL 串聯電路時的情況。

■如同我們在 H 橋電路中的說明一樣，這個電路的 S_1 與 S_4 為為一組、S_2 與 S_3 為一組，輪流切換成 ON 與 OFF。

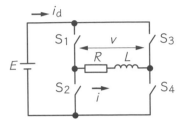

接上 RL 串聯電路的全橋式逆變器

RL串聯電路兩端的電壓與電流

■RL 串聯電路兩端的電壓波形，與之前介紹的「負載中只有電阻」的電路相同，都是方波。

■不過，通過 RL 串聯電路的電流 i 會受到負載中的電感 L 的影響，電壓不會是方波。也就是說，因為有電感，所以就算外加一個階梯狀的電壓，電流與電壓也不會呈階梯狀。

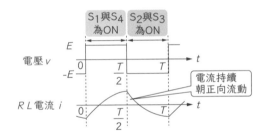

RL 負載的電壓與電流的波形

■因為電感會將部分能量儲存起來，所以電流會緩慢增加。另一方面，當開關切換時，電壓正負極交換，但因為電感累積的能量會產生電動勢，所以在一段期間內，電感會釋放出能量，使電流保持在相同的方向。

■電流波形的變化速度比電壓波形還要慢，所以電流的相位會比電壓延遲一些。

■此時，比較電源提供的電流 i_d，以及通過 RL 負載的電流。電流在 $0 \sim t'$ 時為負，$t' \sim T = 2$ 時為正。電源的電流 i_d 為負，表示「電流從負載流向電源」。也就是說，這段期間內，負載的電感 L 釋出能量，提供電流給電源。

■在這段期間內，通過開關的電流如下圖所示。各開關的電流可能為負，此時開關的電流由下往上流動。也就是說，開關的電流可能正向也可能負向。

■這種 ON／OFF 的開關模式電源，會讓電流時常改變流向。在實際的逆變器中，很常出現這樣的電路。

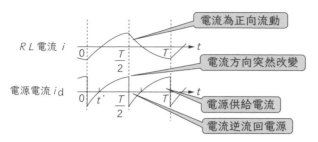

電流的波形

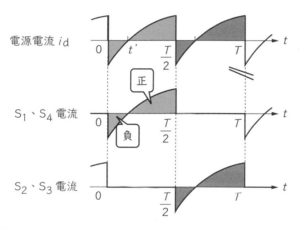

流過開關的電流波形

Switch On!

第 4 章 功率元件的運作機制

4-1

理想開關與半導體開關
～理想與現實的差異～

理想

還真不能
小看現實啊～～

〔理想開關〕

①開關為OFF時，電路中的電流為0。
②開關為ON時，開關兩端的電壓為0。
③開關在ON與OFF之間的切換，可在瞬間完成。
④快速且長時間切換ON與OFF時，不會損壞開關。

OFF
沒有電流流過

ON
電壓0

什麼是理想開關

- **理想開關**在ON的時候電阻為0，OFF的時候電阻為無限大。而且從ON切換成OFF，或者從OFF切換成ON時，花費的時間為0，是理想情況下的開關。
- 另一方面，現實中的機械式開關是透過接觸點的開閉來切換，幾乎可以滿足①②的性質，但因為需要動作時間，以及有一定壽命，所以無法滿足③④。
- 半導體開關可以滿足③④，是實際存在的開關中，最接近理想開關者。

理想開關（ideal switch）…參考正文。

導通狀態電壓（on-state voltage）…開關ON時，開關兩端的電壓。功率元件中，有時會用ON電阻表示。

半導體開關需要哪些條件

現在的半導體開關需滿足以下條件。

希望能
滿足這些
條件喔～

①**ON時的電壓 v_{on}**

ON／OFF的電壓比，也就是 v_{on}/E_s 越小越好。

②**OFF時的電流 i_{off}**

ON／OFF的電流比，也就是 i_{off}/I_s 越小越好。

③**短暫的切換時間 t_{on}、t_{off}**

相對於切換週期 T，t_{on}/T、t_{off}/T 越小越好。

④**較小的ON／OFF訊號**

ON／OFF訊號的電壓、電流越小越好。

⑤**半永久的壽命、小而輕、便宜**

實際的半導體開關

■不過，實際的**半導體開關**中，導通狀態電壓 v_{on} 與動作時間 t_{on}、t_{off} 都不是0，所以不是理想開關。

■另一方面，OFF狀態下雖然也有電流，不過這種漏電流 i_{off} 一般來說都非常小，通常可無視。

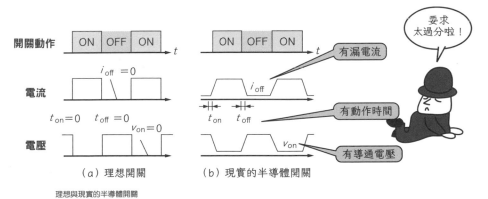

理想與現實的半導體開關

半導體開關（semiconductor switch）…參考正文。

漏電流（leakage current）…開關OFF時，通過開關的些微電流。在雙極性電晶體或IGBT中，也叫做集極截止電流。

功率元件是什麼

～以小控制大～

用低電力的控制訊號，控制高電壓、大電流的半導體，叫做功率元件。
依照控制的項目，可以將功率元件分成三大類，分別是以電壓極性（正、
負）控制開關的功率元件、以電流作為控制訊號的功率元件，以及以電壓作
為控制訊號的功率元件。

什麼是功率元件

■**功率元件**是控制電力用的半導體元件，也叫做**功率半導體元件**。如果額定電流在1A以
上，就會被劃分為功率元件。
■功率元件與一般半導體元件的基本動作原理相同。
■一般的半導體元件（用於CPU、記憶體的LSI或IC）在低電力、低電壓的環境下動
作，負責演算與記憶等功能。
■相對的，功率元件指的是處理高電壓、大電流的半導體元件。
■通常我們會透過低電力控制訊號的ON／OFF，控制高電壓、大電流電力的ON／OFF
動作。

以訊號控制

■功率元件會依照控制訊號的不同，執行ON／OFF的動作。

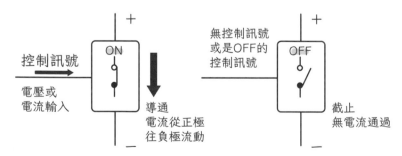

導通狀態與截止狀態

功率元件（power device）…參考正文。　　額定值（rating）…指定條件下的使用限度。

GTO（Gate Turn-Off thyristor）…閘流體原本只能控制ON（turn on），經改良後，可以由訊號控制
OFF，GTO就屬於這種功率元件。

三種功率元件

■依照控制ON／OFF的方式，可以將功率元件分成三大類。分別是不由訊號控制，而是由施加在功率元件上的電壓極性（正、負）來控制ON／OFF的功率元件、由控制訊號為電壓的功率元件，以及控制訊號為電流的控制元件。

・以極性控制開關
依照自身電壓的極性控制開關的兩端子元件。
〔例〕二極體

・控制訊號為電流
以電流控制開關的元件。
〔例〕閘流體、GTO、雙極性電晶體

・控制訊號為電壓
以電壓控制開關的元件。
〔例〕功率MOSFET、IGBT

二極體
以極性控制開關

雙極性電晶體
以電流控制開關

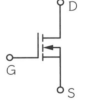

MOSFET
以電壓控制開關

……等

功率元件的例子

閘流體（thyristor）…也叫做**SCR**（Silicon Controlled Rectifier，**矽控整流器**）。
雙極性電晶體（bipolar junction transistor）…講到「電晶體」時，通常就是指雙極性電晶體，也叫做**功率電晶體**。

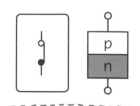

二極體與閘流體
～使電流單向通行的方法～

二極體會「擋下」與預設之電流方向相反的電流。

這種防止逆流的機制，可以控制、保護各種機器。

閘流體、GTO為追加了控制端子（閘極）的二極體。閘流體僅可控制ON（使電流導通），GTO則可控制ON及OFF。

⊸ 二極體的運作機制

- **二極體**是由性質相異的p型半導體與n型半導體結合成雙層結構的元件。電流可以從p流向n，卻無法反向流動。
- 所以，二極體的端子僅有**陽極**（p側）與**陰極**（n側）兩個，沒有其他控制端子。由電壓施加在哪個端子，控制電流是否導通。
- 由當時的電路條件決定ON或OFF，無法由外部控制。

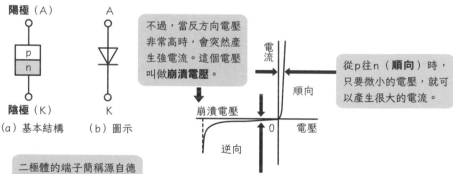

陽極（A）

p
n

陰極（K）

（a）基本結構

A

K

（b）圖示

不過，當反方向電壓非常高時，會突然產生強電流。這個電壓叫做**崩潰電壓**。

電流

順向

崩潰電壓

逆向

0 電壓

從p往n（**順向**）時，只要微小的電壓，就可以產生很大的電流。

二極體的端子簡稱源自德語，分別為A（Anode）與K（Kathode）。

另一方面，從n往p（逆向電壓）時，就算施加很大的電壓，也只有很少的電流流過。

二極體

---

p型半導體（p-type semiconductor）…擁有帶正電荷之電洞的半導體，名稱源自「positive」。

n型半導體（n-type semiconductor）…擁有帶負電荷之電子的半導體，名稱源自「negative」。

GTO（Gate Turn Off）…參考正文。

▰⟁ 閘流體、GTO的運作機制

- **閘流體**是二極體追加了控制端子後的功率元件,可以從外部控制其動作。GTO則是改良後的閘流體,也叫做**GTO閘流體**。
- 閘流體為p-n-p-n四層結構,中間的p層可連接控制端子的**閘極**(G)。
- 閘極有電流通過時,閘流體為ON,此時電流可從陽極(A)流向陰極(K)(也叫做**turn on**)。不過,如果這時將閘極電流歸零,閘流體也不會變回OFF。在陰極(K)的電壓變為正以前,閘流體都會一直保持ON的狀態。也就是說,閘流體這種功率元件可以從外部控制其轉為ON。要轉為OFF時,則與操作二極體時的情況相同。
- 相對的,GTO在閘極電流為**逆向**(負電流)時,就會OFF(也叫做**turn off**)。因此,GTO的ON或OFF都可以由外部控制。

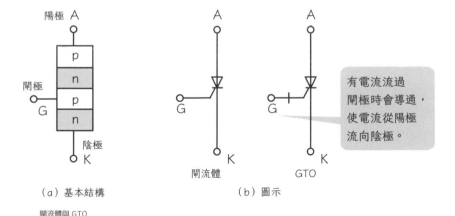

「P-N-P-N」四層結構,控制端子叫做**閘極**(gate)。

(a)基本結構　　　　(b)圖示

有電流流過閘極時會導通,使電流從陽極流向陰極。

閘流體與 GTO

閘極(gate terminal)…輸入訊號的端子。

MOSFET(Metal-Oxide-Semiconductor Field-Effect Transistor)…**場效電晶體**的一種。除了MOS之外,FET還有接面場效電晶體(**JFET**)、金屬半導體場效電晶體(**MESFET**)等種類,不過這些場效電晶體不會用於功率元件。

雙極性電晶體
～關鍵在三層結構與基極～

在電力電子領域中,提到電晶體時,指的通常是雙極性電晶體。這種電晶體也叫做功率電晶體。一般來說,電晶體為n-p-n或p-n-p等三層結構,有一個基極作為控制端子,由基極的電流控制電晶體。

在電力電子領域中,大部分情況下都是使用n-p-n電晶體。

電晶體

■**電晶體**為電流控制元件,可用電流訊號控制其ON/OFF狀態。

■透過ON/OFF等控制訊號,可將電晶體做為高電壓、大電流的開關使用。

■電晶體的控制端子叫做**基極**。也就是說,讓電流通過基極,便可導通電晶體,使電流從集極往射極流動。

可能為n-p-n或p-n-p
等三層結構。除了集
極與射極之外,還有
控制用的基極。

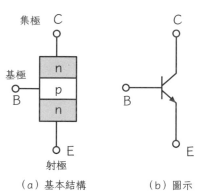

集極 C

基極
B

n
p
n

E
射極

(a)基本結構

C

B

E

(b)圖示

雙極性的由來:
電子(負電)與電
洞(正電)皆為載
子(carrier),
而電晶體同時擁有
正電與負電載子,
故稱其為雙極性。

電力電子領域中,多使用n-p-n電晶體。

雙極性電晶體

電洞(hole)…缺乏電子的地方。　　載子(carrier)…承載著電荷的粒子。

飽和區(saturation area)…基極電流夠大,故集極電流在集極—射極間電壓很低時,就已達到定值飽和。

雙極性電晶體的特性

■可透過「集極─射極間電壓」與「集極電流」之間的關係,瞭解雙極性電晶體的特性。
　ON時:只要小小的導通電壓,集極就會有電流通過。
　OFF時:即使集極─射極間電壓很大,仍只有極少量的漏電流通過集極。

■而在ON與OFF之間的區域,基極電流的大小會影響集極電流的大小。這個區域稱為**線性區**,集極電流可視為基極電流的增幅。

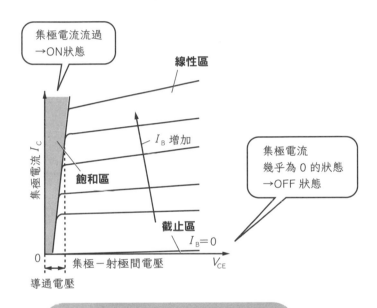

飽和區、截止區、線性區

截止區(cut-off area)…基極電流為零,集極幾乎沒有電流通過。
基極(base)…最早發明的電晶體,是由兩條導線插在作為基極的半導體上,故名為基極。

功率MOSFET
～以電壓控制電路～

MOSFET是以電壓控制的功率元件。
雖然MOSFET是電晶體的一種,但不知為何,MOSFET成了正式名稱。

■**MOSFET**是由電壓控制ON／OFF的電壓控制元件。其中,控制大電力的MOSFET又叫做**功率MOSFET**。

■在MOSFET的閘極施加電壓,產生電場,此時鄰接閘極的部分會產生逆極性的電荷,並成為電子的**通道**。

■功率MOSFET是靠電壓來切換ON／OFF。與靠電流切換ON／OFF的雙極性電晶體相比,MOSFET的切換速度快得多,不過源極—汲極間需要的電壓(導通電壓)卻比雙極性電晶體高。

> MOSFET的控制端子叫做**閘極**。將ON訊號輸入閘極(G),可導通MOSFET,使電子從源極(S)流向汲極(D)。

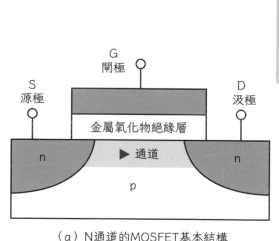

(a)N通道的MOSFET基本結構

MOSFET

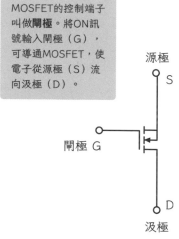

(b)圖示

集極(collector)…在點接觸電晶體中,是收集電子的部分,故名為集極。

線性區(linear area)…基極電流大小與集極電流大小成正比,故可讓基極電流增幅,也叫做**主動區**(active area)。

🔲 半導體是什麼

事實上，半導體的定義相當寬鬆。

半導體指的是「電阻率在導體與絕緣體之間的物質」。一般來說，電阻率在 $10^{-2}\sim10^{-4}\Omega\cdot cm$ 之間的物質，都可以叫做半導體。代表性的半導體材料包括矽與鍺，兩者都是電阻率在這個區間內的物質。

而半導體的性質中最重要的是，隨著溫度上升，半導體的電阻會下降。一般金屬的電阻率會隨著溫度上升而上升，半導體則剛好相反。

	二極體	GTO	雙極性電晶體	MOSFET	IGBT
電路圖	A ▽ K	A G K	C B E	S G D	C G E
端子	A（陽極） K（陰極）	A（陽極） G（閘極） K（陰極）	C（集極） B（基極） E（射極）	S（源極） G（閘極） D（汲極）	C（集極） G（閘極） E（射極）
ON／OFF	由電壓極性決定ON／OFF。	由閘極電流控制ON／OFF。	由基極電流控制ON／OFF。	由閘極電壓控制ON／OFF。	由閘極電壓控制ON／OFF。
特徵	・電流為單向通行 ・無法由外部控制電流方向	・用於大容量電路	・20世紀的主流功率元件	・由電壓驅動 ・消耗電力小 ・開關切換時間短	・結合了雙極性電晶體的優點與MOSFET優點的複合元件

功率元件的種類

射極（emitter）…點接觸電晶體中，釋放出電子的部分。

通道（channel）…FET中汲極—源極間的電流通道。可分為n型通道與p型通道兩種。

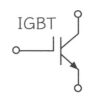

IGBT

IGBT
～最常看到的功率元件的運作機制～

IGBT也是電壓控制元件，是MOSFET再追加一層半導體後的結構。

■IGBT也是由電壓控制ON／OFF的電壓控制元件，是在n通道MOSFET的汲極再追加n層的結構。

■IGBT同時具備了MOSFET與雙極性電晶體的優點，動作比雙極性電晶體快，且導通電壓相當低，與雙極性電晶體相仿。

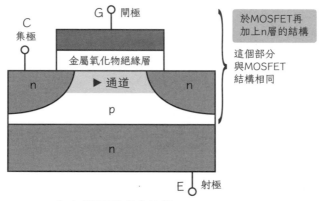

（a）IGBT的基本結構

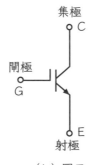

（b）圖示

IGBT

汲極（drain）…英語為「排水溝」的意思。據說是半導體開發者的Schokley開始使用。

源極（source）…英語為「水源」的意思，與汲極對應。水源與排水溝間有閘門（水門），故以此命名。

⎓ IGBT的運作與等價電路

- IGBT可視為p-n-p型雙極性電晶體的基極端子接上MOSFET的電路,也就是IGBT的**等價電路**。
- 因此,在IGBT的閘極—射極間施加電壓時,相當於在MOSFET的閘極施加電壓,可導通MOSFET。
- 於是,電流會從IGBT的p-n-p電晶體的基極,流向MOSFET的源極S,導通p-n-p電晶體。
- 如此一來,電流便可從集極流向射極。

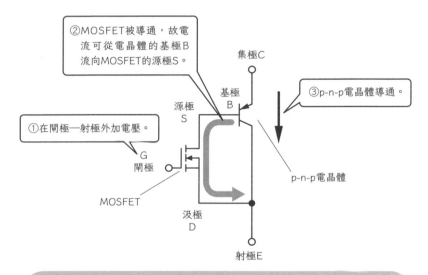

②MOSFET被導通,故電流可從電晶體的基極B流向MOSFET的源極S。

①在閘極—射極外加電壓。

③p-n-p電晶體導通。

集極C

基極 B

源極 S

G 閘極

MOSFET

p-n-p電晶體

汲極 D

射極E

IGBT的特性介於雙極性電晶體與MOSFET之間。
IGBT的導通電壓略高於雙極性電晶體,開關切換時間略慢於MOSFET。
這樣的特性很適合多種用途,故IGBT已廣泛用於許多電力電子電路的開關元件。

IGBT 的等價電路

IGBT(Insulated Gate Bipolar Transistor)⋯**絕緣閘雙極體電晶體**的簡稱。

等價電路(equivalent circuit)⋯若兩個電路的特性、對動作產生的反應相同,則稱兩種電路**等價**,兩者互為等價電路。

4-7

不同功率元件的用途
～分別用於控制電壓、電流、動作速度～

各種功率元件的輸出、動作速度

■不同的功率元件，輸出（電壓 × 電流）、動作速度（開關頻率）各不相同，所以用途也各不相同。

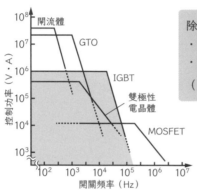

除了IGBT以外
· 需要高頻率切換開關時，會使用MOSFET
· 需要控制大功率時，會使用GTO、閘流體

（現在已很少使用雙極性電晶體）

各種功率元件的用途（底色部分為可使用 IGBT 的範圍）

實際例子

■實際的應用如下圖所示

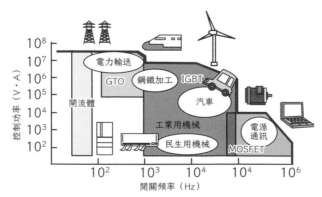

負載容量、動作頻率不同時，會使用不同的功率半導體的範例

p-n接面（p-n junction）…p型半導體與n型半導體的接觸面。接觸後，接觸面附近的電洞與電子會彼此結合消失，使接觸面附近成為**空乏區**，就像絕緣體一樣。

功率模組

- 由半導體晶片構成的功率元件，會封裝在一個外殼內。
- 將半導體晶片封裝在絕緣外殼內，可得到**功率模組**。
- 功率模組的一個外殼內通常裝有多個半導體晶片。

(a) IGBT 模組

(b) 二極體模組

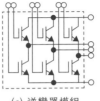

(c) 逆變器模組

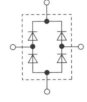

(d) 二極體電橋模組

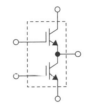

(e) 臂模組

各種功率模組

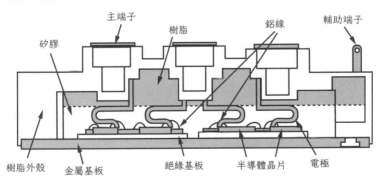

主端子　樹脂　鋁線　輔助端子

矽膠

樹脂外殼　金屬基板　絕緣基板　半導體晶片　電極

半導體晶片與金屬基板之間有絕緣基板隔開。
配線由模組上方的端子接到半導體。
模組內有封入樹脂（為了絕緣、散熱）。

功率元件的結構

功率元件（power module）…參考正文。
半導體晶片（semiconductor chip）…在晶圓這個大型基板上製造的半導體。最後將晶圓切成許多小塊，就可得到晶片。

107

功率元件的冷卻
～若不冷卻就無法繼續使用～

功率元件在ON／OFF間切換時，會損失能量，產生熱。而熱會讓半導體的p-n接面失去功能。

為了維持p-n接面的功能，不讓半導體的溫度超過上限，冷卻為必要工作。

上限溫度

■半導體正常運作的上限溫度因半導體材質而異，矽製半導體的上限溫度約為175℃。

■考慮到壽命，各種元件的實際上限溫度各有不同的設定，一般來說約為125～150℃。

發熱的原因

■因為功率元件不是理想開關，所以會發熱。

■ON期間中的**損耗功率**可由以下公式求出。

（導通電壓）×（導通期間通過的電流）＝（導通損耗）

■另外，切換開關時需要動作時間，這段期間內的（電壓）×（電流）＝（開關損耗）也屬於損耗功率。

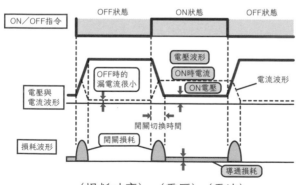

（損耗功率）＝（電壓）×（電流）

導通損耗於導通（ON）期間內發生，由元件的導通電壓決定（與開關頻率無關）。

開關損耗於ON及OFF時皆會發生，與開關頻率（開關次數）成正比。

會產生多少熱

■假設有個輸出功率為1kW的電力電子機器，效率為90%，那麼損耗功率就是100W。也就是說，這個機器會持續產生100W的熱。假設以100W的功率持續輸出5分鐘，就會產生的熱能為：

$$100×60×5＝30000（Ws）＝30（kJ）$$

如果將這些熱能用來加熱20℃的水100g，可以由以下關係式求出水最後的溫度。

$$加熱熱能＝\Delta T（溫度差）×水的比熱（≈4.2 J/（g\cdot K））×水量（g）$$

■由這個式子的計算，可以得到 ΔT（溫度差）為71.4℃，在5分鐘內就可以將水加熱到90℃以上，接近沸點。
■如果不持續冷卻功率元件、不將產生的熱往外移動，功率元件的溫度就會一直上升。

功率元件的冷卻方式

■以傳導（熱的移動）去除產生的熱的過程叫做**冷卻**（**散熱**）。
■功率元件的冷卻方式包括熱傳導與熱對流。
■會用**散熱器**來冷卻功率元件。
■**熱傳導**（從功率元件移動到散熱器）為熱在固態物體之間的移動。
■**熱對流**（從散熱器往外部放熱）則是熱在其他物質（水、空氣）間的移動。
（例）氣冷：自然對流（煙囪效應）、強制對流（風扇）
　　　水冷：泵、水箱散熱器（水的再冷卻裝置）
　　　其他：油冷、沸騰冷卻等

散熱器（heat sink）…有放熱、冷卻功能的散熱板。
另外，為了增加表面積而設置的突起結構，稱為**散熱片**。
半導體（semiconductor）…請參考第103頁

109

功率元件的運作機制　功率元件的冷卻

Tick - Tock.

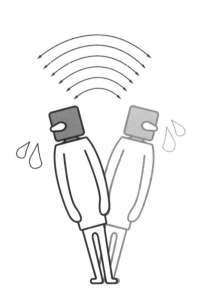

第５章　電力電子學的主角「逆變器」

二極體與電容
～瞭解逆變器的電路～

我們在3-7節（第86頁）中說明了全橋式逆變器的原理。
這裡再次說明各開關（S₁～S₄）的電流與電源電流 i_d 的波形。
若要在實際電路中實現這樣的動作，會碰到以下幾個問題。

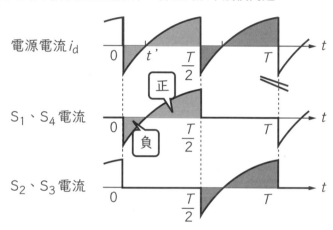

理想波形

▓▔○ 現實逆變器的必要條件

- 若要用現實電路實現全橋式逆變器，必須使用電流可雙向流通的開關。

- 這是因為，流經開關的電流需在開關的半週期 $\left(0\sim\dfrac{T}{2}\right)$ 期間內反轉極性（也就是反轉正極與負極）。

- 另外，還需要可以瞬間改變電流方向的直流電源。

- 這是因為，每經過開關的半週期 $\left(\dfrac{T}{2}\right)$，電源的電流 i_d 就會逆流回電源一次。

直流電源（DC power supply）…供應直流電的電源。一般電池也屬於直流電源。
外加電壓（applied voltage）…外界施加的電壓。

如何用半導體實現雙向開關？

- 全橋式電路中，若要使開關電流往負極方向（右圖中由下往上）流動，就必須讓電感累積的能量產生電動勢。
- 而要產生逆向電流，需使用二極體。二極體會因為外加電壓極性的不同，而切換成ON／OFF。
- 就這樣，只要將二極體以反並聯方式（電流方向與IGBT電流方向相反）連接，就可以產生與開關ON／OFF無關的逆向電流。

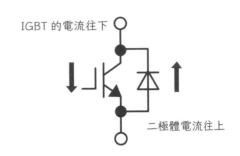

使用二極體

如何在瞬間切換電源電流？

- 一般的直流電源可以供應電力，卻沒有吸收電力的功能。
- 由於一般直流電源無法瞬間釋放、吸收電流，所以無法直接供應逆變器電路。
- 電容可依照當時的正負極電壓，瞬間切換充放電。
- 也就是說，逆流回電源的電流會被電容吸收。直流電源與電容組合後，就可以隨著切換而放出、吸收電流。

電容與逆變器

電力電子學的主角「逆變器」 二極體與電容

反並聯連接（anti-parallel connection）…擁有極性的元件以相反的極性並聯連接。功率元件的電流只會朝著單一方向流動，故電流方向（**極性**）固定。

實際的逆變器電路

■為了讓電源的電流能順利逆流，電源與逆變器電路間需並聯電容。

■另外，為了讓電感累積的能量產生電流，需要在只能讓電流單向流動的半導體開關（IGBT等）上，反並聯連接二極體。

這也叫做**反饋二極體**。

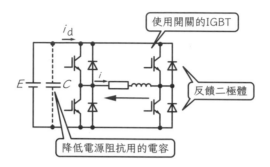

電容的阻抗為 $Z = \dfrac{1}{j\omega C}$。頻率越高，電容的阻抗越小。也就是說，電容可以讓高頻率成分通過，攔下低頻率成分。或者也可以說電容對高頻率成分的阻抗較小。

另一方面，如果電流波形變化劇烈的話，表示電流含有較多高頻率成分。若要形成這樣的電流，就必須降低電源的高頻率阻抗。

只要將高頻率阻抗的小型電容與電源並聯，就可以降低電源的高頻率阻抗了。

逆變器電路

反饋二極體（feedback diode）…將逆變器的負載的電動勢產生的電流，送回電源（反饋）的二極體。截波器的**續流二極體**（flyback diode）也有類似的功能，可在OFF時繼續維持電流通路。

⚡ 單相三線制交流電（註：此為日本情況）

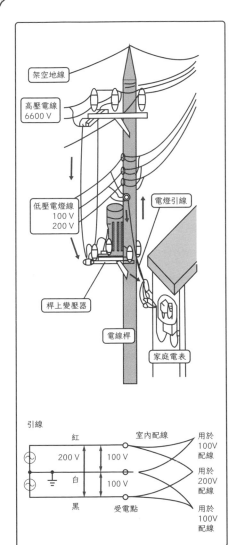

架空地線

高壓電線
6600 V

低壓電燈線
100 V
200 V

電燈引線

桿上變壓器

電線桿

家庭電表

引線

紅

室內配線

200 V | 100 V

白 | 100 V

黑

受電點

用於
100V
配線

用於
200V
配線

用於
100V
配線

單相三線制交流電

日本一般家庭用的通常是100V交流電。因此，日本國內幾乎所有電器產品都是以100V為使用條件設計出來的。

另一方面，市場上也可看到IH爐或空調等使用200V的家電。購買這些家電後，只要進行簡單的安裝工程就可以使用。事實上，每個家庭都有提供200V的交流電。

基本上，一般電線桿都是以高壓電（6600V）的形式供應電力。各個家庭再透過三條引線接電進來使用。這種交流電叫做**單相三線制交流電**。在日本，這三條電線一般稱為**紅線、白線、黑線**。

中央的白線叫做**接地線**，與地面相接。這個白線與紅線或黑線組合後可得到100V的配線。而兩端的紅線與黑線組合後，則可得到200V的配線。

紅白組合與黑白組合可得到兩組100V。家用電器多使用100V，所以需要兩組配線。

這種單相三線制交流電會一直延伸到各家庭室內的配電箱。

三相逆變器
～星形或三角形～

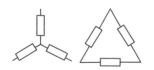

單相負載由兩條電線供應電力。三個負載連接成星形或三角形，再以三條電源線供應電力，就會形成所謂的三相負載。三條電源線的相位不同，為三相交流電。交流馬達幾乎都是三相馬達。

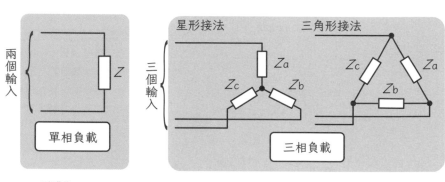

兩個輸入

單相負載

星形接法

三個輸入

Z_a

Z_c Z_b

三角形接法

Z_c Z_a

Z_b

三相負載

三相負載

- 電力電路中，常會用到電源、負載等字詞。**電源**指的是供應電力的電路，**負載**指的是消耗電力的電路。
- 習慣上會將電源畫在電路圖的左邊，負載畫在電路圖的右邊。前面提過的電阻與 RL 電路都屬於**負載**。除此之外，負載還有很多種，是一個總括性的用語。

單相交流與三相交流

- **三相交流**由三個相位分別相差120°的正弦波（電壓或電流），也就是三個**單相交流**系統組成。
- 通常由三條電源線構成。
- **三相交流電源**中，三個單相交流電源能以**星形**或**三角形**接在一起，三條電源線可供應電力給三相負載。
- 此時，我們會說三條電源線以三相交流的方式接通。
- 交流馬達多為三相馬達，必須使用三相逆變器。

單相交流（single-phase AC）…使用兩條電線傳送交流電的方法

三相交流（three-phase AC）…相位互相錯開的三個單相交流電系統組合而成的交流電。相對於單相交流，也叫做**多相交流**。另外還有六相交流。

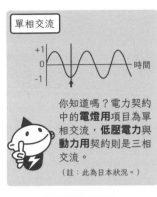

單相交流

+1
0
-1
時間

你知道嗎？電力契約中的**電燈用**項目為單相交流，**低壓電力**與**動力用**契約則是三相交流。

（註：此為日本狀況。）

三相交流

0 時間

0 時間

0 時間

一個週期（＝360°）
錯開120°
+1
0
-1
時間

各個電線中的電流

同時列出三條電線的電流

單相交流與三相交流

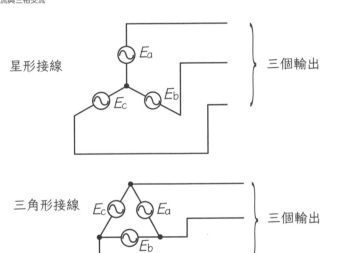

星形接線

E_a

E_b

E_c

三個輸出

三角形接線

E_c

E_a

E_b

三個輸出

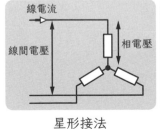

線電流

線間電壓

相電壓

星形接法

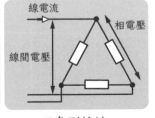

線電流

線間電壓

相電壓

三角形接法

三相交流可分為**星形接法**與**三角形接法**。此時，各部分的電壓、電流名稱如圖。這些稱呼與電源、負載相同。

我們可以從三相交流電的三條電線中測出線間電壓與線電流。

星形接法與三角形接法

星形接法（star connection）…參考正文。也叫做**Y接法**。

三角形接法（delta connection）…參考正文，也叫做 **Δ 接法**。

線間電壓（line to line voltage）…參考正文。

如何建構三相交流

■三相交流的輸出，可以用三組相位各自錯開120°的單相逆變器輸出來實現。
■不過，如果善用三相交流的性質，就可以用更簡單的方式實現。

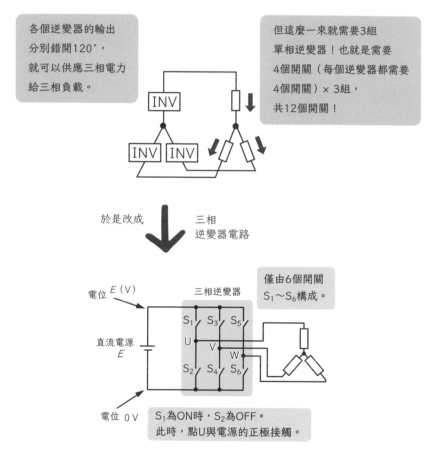

各個逆變器的輸出
分別錯開120°，
就可以供應三相電力
給三相負載。

但這麼一來就需要3組
單相逆變器！也就是需要
4個開關（每個逆變器都需要
4個開關）× 3組，
共12個開關！

於是改成　三相
　　　　　逆變器電路

電位 E（V）　　　　　三相逆變器

僅由6個開關
S_1～S_6構成。

直流電源
E

電位 0 V

S_1為ON時，S_2為OFF。
此時，點U與電源的正極接觸。

三相逆變器

■以三相負載供應電力時，可以使用三相逆變器電路，如上圖所示。
■三相逆變器電路中有6個開關，開關的動作與單相逆變器相同，S_1為ON時，S_2為OFF。
■此時，上圖中點U的電位（與基準〔接地，0 V〕間的電壓）為E。
■另外，S_3與S_4、S_5與S_6等同一組的開關也是以同樣方式動作。

三相逆變器的動作原理

■三相逆變器電路可依照下
圖順序,將直流電與三相
交流電。

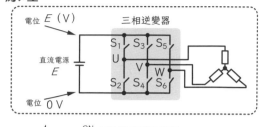

① S₁~S₆的開關動作順序如右
圖所示(分為S_1S_2、S_3S_4、
S_5S_6等三組,每組的ON/
OFF動作錯開120˚)。

② 開關切換時,U、V、W等各
點電位會隨著開關的動作而
在0與E之間切換。

點U、V、W間的電位差就是
三相交流輸出的線間電壓。
譬如U-V間的線間電壓就是
點U電位減去點V電位。

③ 線間電壓如右圖所示,會在
+E、0、-E之間切換。所以
說,只要開關照著圖中方式
動作,就可以讓線間電壓在
正負間切換,使其成為交流
電。

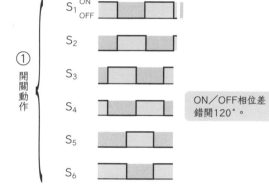

① 開關動作

ON/OFF相位差
錯開120˚。

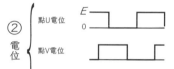

② 電位

各點每隔180˚切換
導通/斷開,
電位(**相電壓**)
在0與E之間切換。

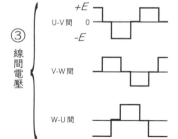

③ 線間電壓

各線間電壓相位
彼此錯開120˚,
輸出在+E、0、
-E之間切換。

三相逆變器的動作原理

電力電子學的主角「逆變器」 三相逆變器

5

實際使用IGBT的三相逆變器電路

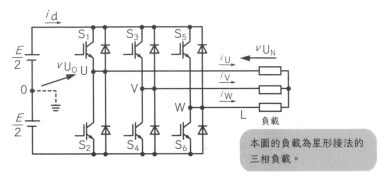

使用 IGBT 的三相逆變器

本圖的負載為星形接法的
三相負載。

■上圖中，與單相逆變器類似，開關的IGBT與二極體以反並聯連接。

■通常，在三相逆變器的情況下，會將直流電源E視為中性點O與$\pm\dfrac{E}{2}$的電源。

■而一般會設電源的中性點O為基準電位（雖然是基準，但通常沒有接地），或者說是輸出的基準電位。

逆變器電路的稱呼

■逆變器電路中，各開關零件分別叫做逆變器的**臂**。上下臂可形成一組，稱為**腳**。多個腳則稱為一個**橋**。

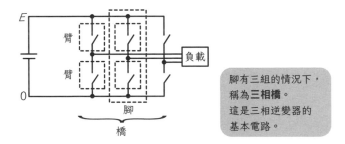

臂、腳、橋

腳有三組的情況下，
稱為**三相橋**。
這是三相逆變器的
基本電路。

臂（arm）…逆變器的開關。
腳（leg）…上下兩個開關合稱腳。
橋（bridge）…擁有正、負極的電路。若不是單純的串聯電路或並聯電路，就稱其為橋。

實際的三相逆變器的電壓與電流

■右圖的輸入電流 i_d，在每個模式中，會等於通過其中一組開關的電流。

六開關逆變器

輸入電流　i_d

■六個開關（S_1~S_6）依序切換後，完成一個週期。

■依照此模式動作的逆變器，稱為**六開關逆變器**。

模式編號　①②③④⑤⑥①②③

ON的開關　S_1　S_2　S_1

S_4　S_3　S_4　S_3

S_5　S_6　S_5　S_6

輸出電壓（逆變器相電壓）

vU_O　$\dfrac{E}{2}$　$-\dfrac{E}{2}$

vV_O

vW_O

輸出電壓（線間電壓）

vU_V　E　$-E$

vV_W

vW_U

舉例來說，模式②的上臂可讓開關 S_1 轉變成ON，在這段期間內 $i_d = i_U$，通過 S_1 的電流等於輸入電流。

六開關逆變器的輸入電流，會在一個週期內重複六次相同的波形。
也就是說，輸入逆變器電路的直流電流 i_d 含有漣波，且漣波的頻率為輸出之交流電流的6倍。

輸出電流（線電流）

iU

iV

iW

六開關逆變器

5-3

交流電的頻率與相位
～再次說明交流電的基礎～

東日本與西日本使用的電力頻率不同。
頻率指的是電流方向改變的次數。

▬◦ 交流電的頻率

■ **交流電**的電流方向會一直改變（請參考1-7節，第30頁）。
■ 交流電的方向在1秒內切換的次數，叫做**頻率**。

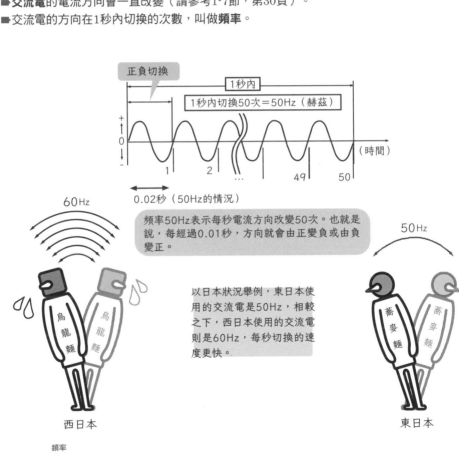

正負切換

1秒內

1秒內切換50次＝50Hz（赫茲）

＋
0
－

（時間）

1　　2　…　　49　50

0.02秒（50Hz的情況）

頻率50Hz表示每秒電流方向改變50次。也就是說，每經過0.01秒，方向就會由正變負或由負變正。

60Hz

50Hz

以日本狀況舉例，東日本使用的交流電是50Hz，相較之下，西日本使用的交流電則是60Hz，每秒切換的速度更快。

烏龍麵　烏龍麵

蕎麥麵　蕎麥麵

西日本

頻率

東日本

Hz（hertz）…1Hz表示1秒內振動1次。這個名稱源自德國的物理學家海因里希·赫茲（Hertz, H. R.，1857～1894）。

日本的不同區域會使用不同頻率的交流電

■以發電機發出交流電時，發電機的轉速會影響交流電的頻率。因此，改變發電機的轉速，交流電的頻率也會跟著改變。

■使用逆變器，就能穩定產生特定頻率的交流電。

50／60 Hz兩用

在明治時代，東京第一個進口的發電機是50Hz，大阪是60Hz。在這之後，使用電力的區域逐漸擴大，兩區域的交流電卻仍保持著最初的頻率。於是，就成了東日本與西日本分別為50Hz與60Hz的現況。一個國家內同時使用兩種頻率的電力，這種情況十分罕見。

所以，電器產品也會分成只能接50Hz電力、只能接60Hz電力，以及標示「50／60Hz」兩種都可以用的電器。因此，以前的日本人搬家時，常常需要更換電器零件，或者買新的產品。

不過，近年來幾乎所有電器在兩種頻率的電力下都可以使用。因為多數電器產品會透過電力電子元件，將交流電轉變成直流電，再驅動馬達，所以頻率不同不會造成問題。

另外，若電器裝有特定電力電子元件，那麼即使電壓不同也可以直接使用。以前因為國外的電壓與日本不同，所以需要變壓器。近年來的充電器或AC配接器都會用到電力電子元件，所以即使輸入電壓不同，也不會有任何問題。

不過，各國插座的形狀都不太一樣，所以還是要有轉接頭才行喔！

50Hz的電力公司
北海道電力
東北電力
東京電力

60Hz的電力公司
中部電力
北陸電力
關西電力
中國電力
四國電力
九州電力
沖繩電力

不同頻率同時存在於日本

交流電的相位

- **相位**指的是交流電壓或交流電流畫出來的圖形「在某個時間點時，相當於正弦圖形的哪個角度」。以相位表示時，即使是不同頻率的交流電，因為同樣是正弦波，故可立刻讓人明白該正弦波處於哪個階段。
- 另一方面，**相位關係（相位差）**則是頻率相同的兩個交流電間的關係。如果兩個交流電的頻率不同，就不存在相位關係。

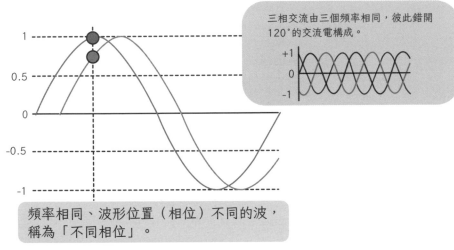

三相交流由三個頻率相同，彼此錯開120°的交流電構成。

頻率相同、波形位置（相位）不同的波，稱為「不同相位」。

交流電的相位

交流電壓與交流電流的相位差

- 電壓與電流的相位差與交流電的功率有關，所以交流電必須考慮相位差。

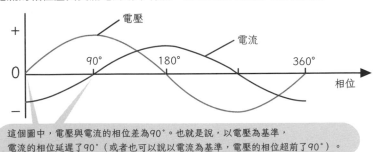

這個圖中，電壓與電流的相位差為90°。也就是說，以電壓為基準，電流的相位延遲了90°（或者也可以說以電流為基準，電壓的相位超前了90°）。

交流電壓、交流電流的相位差

相位（phase）…某時間點的電流或電壓，相當於正弦函數一個週期中的哪個角度，以度（°）或弧度（rad）表示。

相位差（phase difference）…參考正文。也稱為**相位延遲**（phase lag）或**相位超前**（phase lead）。

🔔 瞭解什麼是相位

相位這個詞，乍看之下會不會覺得不好理解呢？這裡就讓我們再補充一些說明吧。

假設兩部車以相同速度行駛。這裡我們可以把車速想成是交流電的頻率。

此時，以相同速度行駛的汽車，它們的相對關係就是相位。以下圖為例，車A與車B的速度相同，不過當兩車間有一段距離，它們的相對位置關係，就是**相位關係**。

如果車B在前方，那麼以車A為基準時，車B的相位就是「超前」。相對的，以車B為基準時，車A的相位就是「延遲」。這兩部速度相同的車之間的距離，就是**相位差**。

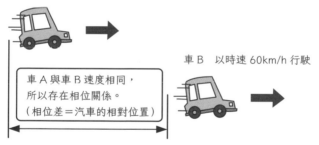

車 A　以時速 60km/h 行駛

車 B　以時速 60km/h 行駛

車 A 與車 B 速度相同，
所以存在相位關係。
（相位差＝汽車的相對位置）

車 C　以時速 80km/h 行駛

車 C 與車 A、B 的
速度不同，故不存在
相位關係！

「山中回聲」是聲波反射時的
相位差所產生的效果。
雷達也是利用反射電波的相位
與原電波的相位差發揮功能。

PWM控制

～把方形變成圓形～

在前一節的說明中我們提到，逆變器輸出的交流電壓波形為四方形的方波。
另一方面，交流電則是正弦波。

將逆變器輸出的交流電用在馬達等零件上時，為了提升用電效率，必須輸出
正弦波的交流電才行。有很多種方法可以讓輸出盡可能接近正弦波，其中最
常用的就是PWM控制。

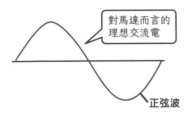

對馬達而言的
理想交流電

正弦波

PWM 控制

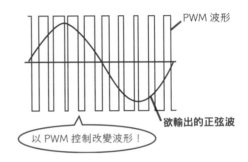

PWM 波形

欲輸出的正弦波

以 PWM 控制改變波形！

什麼是PWM控制

■**PWM控制**指的是依照正弦波的相位，增減脈衝寬度的控制方法。

■經PWM控制後，輸出波形可近似正弦波。

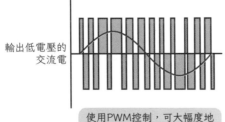

輸出低電壓的
交流電

使用PWM控制，可大幅度地
自由改變電壓大小。

正弦波的振幅與對應的電壓變化

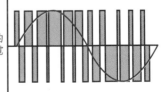

輸出高電壓的
交流電

方波（square wave）

PWM（Pulse Width Modulation）…也叫做脈寬調變。

⌁ PWM控制的原理

- PWM控制會用到兩個訊號，一個是最終想得到的正弦波（訊號波），一個是頻率比訊號波高的三角波（**載波**）。
- 比較兩者的大小，可以得到脈衝波的ON／OFF訊號。

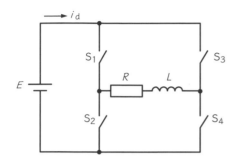

如果正弦波比三角波大，便使開關S_1、S_4為ON；如果正弦波比三角波小，便使開關S_2、S_3為ON。

以上述方式切換開關，就可以讓左圖中的RL負載兩端的電壓在正／負之間切換。

而且，ON的時間不固定，故電壓會隨著開關ON的時間而呈現正弦波狀的增減。

所以，負載電路兩端的電壓會依照脈衝寬度的變化，而呈現正弦波狀的變化。

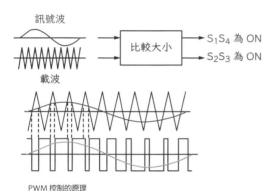

PWM 控制的原理

⌁ 再用濾波器使正弦波變得更圓滑

- 處理後的電壓波形，再通過濾波器電路後，就可以得到正弦波了。
- **濾波器**只會讓正弦波成分通過，其餘高頻率成分（也叫做**諧波**或**畸變波**）則無法通過。
- 經PWM控制與濾波器處理後，就可以從反覆切換的脈衝波PWM電壓，提取出正弦波。當電壓為正弦波時，由歐姆定律可以知道，電流也會是正弦波。

三角波（triangular wave）⋯往上到頂點時，瞬間改為往下的波，也叫做**鋸齒波**（sawtooth wave）。
濾波器（filter）⋯只讓特定頻率電流通過，或可阻止特定頻率電流通過的電路。

127

5

電力電子學的主角「逆變器」 PWM控制

⊶ RL負載的電流

■在 *RL* 負載的情況下，PWM控制可讓負載的電流接近正弦波。

■也就是說，因為 *RL* 串聯電路的暫態現象（參考第45頁），電流會緩慢上升。因為 *RL* 串聯電路本身對電流就有濾波器的功能。

■因此，用逆變器驅動馬達時，其實不需要濾波器。馬達的電感在電路中就相當於 *RL* 串聯電路。施加脈衝電壓時，不會產生脈衝電流，而是會緩慢增減。

■也就是說，在馬達線圈的電感效應下，通過馬達的電流本來就會依照ON／OFF的切換而緩慢變化，所以電流會隨著電壓脈衝寬度的變化，而出現正弦波般的波形。

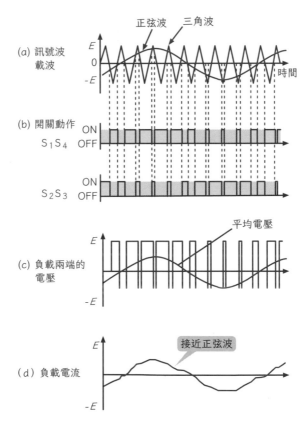

通過 RL 負載的電流

....

*RL*負載（*RL* load）…由電阻 *R* 與線圈 *L* 構成的串聯電路。

脈衝（pulse）…在極短時間內施加的電流或電壓。反覆出現的脈衝也叫做脈衝。

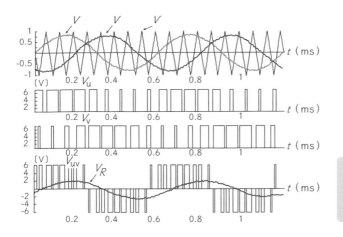

載波頻率越高，
RL 負載的電流波形
就越接近正弦波。

載波的頻率較低時（9倍）

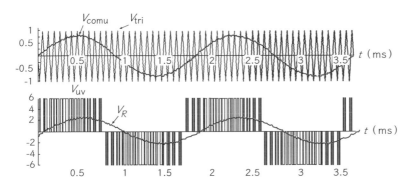

載波的頻率較高時（27倍）

要提高馬達的轉矩效率，就要讓電流盡可能接近正弦波。
馬達的轉矩來自電流，就算電壓不是正弦波，也不會影響到馬達的轉矩。

載波與電流波形

轉矩（torque）⋯旋轉力。扭轉的強度。沿著轉軸旋轉的力矩，單位為（Ｎ・ｍ）。

Let's SAVE.
(Power and Earth)

第 6 章　逆變器的使用方式

6-1

用電分項
～哪個東西用了多少電～

日本一年內的發電能量約為1兆kWh。
一起來看看這些電最終會被用到哪些用途上吧。

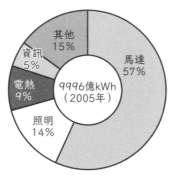

其他 15%
資訊 5%
電熱 9%
照明 14%
馬達 57%
9996億kWh
（2005年）

kWh：電能的單位
1kWh=1000×60×60=3.6 MJ

日本國內發電的總能量與最終用途

馬達與電力電子

- 如上圖的圓所示，目前日本國內發出來的電力，有一半以上都用在轉動馬達。
- 也就是說，如果追蹤各種設備與機械所使用的電能，最後會發現許多電能都是消耗在轉動馬達。
- 這些馬達大多由電力電子元件控制。
- 照明用電也一樣。LED、日光燈等照明設備，也會用電力電子元件點燈。
- 另外，電磁爐會用電發熱，而調節電磁爐溫度的也是電力電子元件。譬如IH爐如果沒有電力電子元件的話，就無法運作。
- 處理資訊的機器（電腦）的電源也一定會用到電力電子元件。
- 由此可見，目前我們所消耗的電力，有一大部分都得靠電力電子元件控制。也就是說，電力電子元件的性能，會大幅影響到消耗電能的多寡。
- 如右頁圖所示，透過改良電力電子元件所節省下來的電能，相當於好幾個發電廠的發電輸出。

供應馬達的電力

■馬達到底用了多少電力呢？以下就讓我們簡單算算看吧。

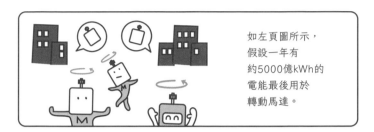

如左頁圖所示，
假設一年有
約5000億kWh的
電能最後用於
轉動馬達。

假設改良電力電子元件後，
使馬達運轉時
可以節省1%的電力。

減少 **1**%

舊元件 ➡ 新元件

這樣就省下
50億kWh的電能。

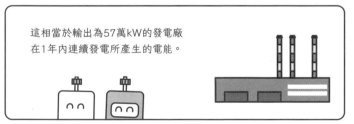

這相當於輸出為57萬kW的發電廠
在1年內連續發電所產生的電能。

供應馬達的電力

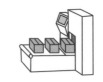

以逆變器驅動馬達
～節能與逆變器間的密切關係～

如前節所述，日本發電出來的電能，最後有一半以上會用在馬達上。
而現在的馬達多會透過電力電子元件驅動。因為電力電子元件可以控制馬達
的轉速。

★使用電力電子元件，就可以輕鬆控制馬達的轉速。

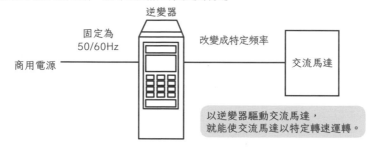

以逆變器驅動交流馬達，
就能使交流馬達以特定轉速運轉。

逆變器與馬達

可調節以馬達驅動的風扇或泵

■原本逆變器就是工廠或基礎建設的
重要裝置，可調節大型風扇或泵的
流量。

■這些設備在過去就是用交流馬達驅
動。交流馬達會以固定轉速運轉。

■逆變器可改變馬達轉速，藉此調節
流量。

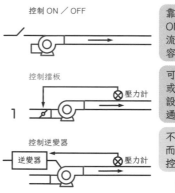

靠馬達的
ON／OFF調節
流量並不是件
容易的事。

可以在空氣
或水的通路上
設置擋板，控制
通路的流量。

不使用擋板，
而是由逆變器
控制轉速！

good!

用逆變器控制泵以節省能量

擋板（baffle plate）…為了調節流量而設置在通路上的裝置，也叫做閥。

控制旋轉次數以節省能量

■轉動風扇或泵等機械（流體機械）時，需要的動力P與轉速N的三次方成正比。

$$P(W) \propto N^3$$

假設轉速變為$\frac{1}{2}$，那麼必要的動力（功率）就會變成

$\frac{1}{2} \times \frac{1}{2} \times \frac{1}{2} = \frac{1}{8}$，故馬達的消耗電力也會變成$\frac{1}{8}$。

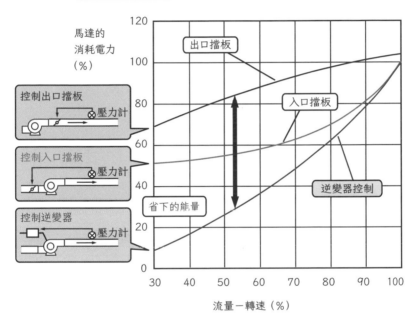

流量與消耗電力

■控制流體機械轉速的節能效果相當大，人們從很久以前就已經知道相關理論。

■不過，要控制馬達旋轉速度，需要複雜的系統。在電力電子元件發展起來、逆變器普及以前，人們不會把這些元件用於節能。

流體機械（fluid machinery）…為液體或氣體（統稱流體）加壓的機械。能為液體加壓的機械稱為泵，能為氣體加壓的機械稱為**鼓風機**或**壓縮機**。

逆變器驅動的普及

70' 導入工廠

■ 1970年代後，隨著電力電子元件的進步，逆變器也逐漸普及。

■ 逆變器可配合已在使用中的交流馬達，控制馬達的轉速。

■ 適當控制轉速可降低耗電量，進而節省電費。

■ 省下來的電費可補貼導入逆變器的費用，這個優點讓逆變器能夠一口氣普及開來。

■ 而且從1970年代起，社會對節能的呼聲越來越高，於是工廠中的風扇、泵等裝置也開始使用逆變器控制用電量。

這些都由逆變器控制！

輸送帶

移動起重機

起重機

食品機械

包裹機

洗車機

纖維機械

攪拌機

印刷機械

泵

風扇、鼓風機

壓縮機

從工廠開始普及的逆變器

80′　導入家電

■到了1980年代，家用空調、冰箱的馬達也開始使用逆變器。

■在這之前，空調、冰箱都是用熱動開關控制，馬達會依當時溫度而切換ON／OFF。

■另一方面，逆變器可配合溫度控制轉速，故可大幅降低耗電量，達到節能目的。

■1980年代，日本的逆變器空調成功商用化，是世界先驅。現在的家用空調全都由逆變器控制。

於家庭普及的逆變器

00′　所有機器都在用

■2000年代以後，釹磁石開始用在馬達上，為馬達帶來了變革。

■另外，電力電子領域也有了很大的進步，更多機器開始用逆變器控制運作。

■用逆變器控制轉速時，不只能夠節能，也可以讓馬達能慢慢地切換成ON／OFF，降低馬達在啟動或停止時的機械衝擊，還能控制細微的加減速時間。

■就這樣，逆變器讓馬達的運作方式更為多樣，使馬達能用在更多機械上。

2000年代以後逆變器廣泛應用

熱動開關（thermostat）…可依照當時溫度切換ON／OFF的機器。可用於調節溫度。

釹磁石（Neodymium magnet）…釹、鐵、硼為主成分的磁石。稀土類磁石的一種，是目前最強的磁石。

各種馬達
～交流馬達、直流馬達～

馬達有很多種,各有各的名字。
所以在說明電力電子元件如何控制馬達之前,先來介紹馬達的種類。

⚙ 依照馬達的電源分類

■馬達可以依照輸入電源分成三大類如下
　・交流馬達
　・直流馬達
　・交直兩用馬達
　內部結構各不相同。

■以電力電子元件控制馬達時,電力電子元件的輸出,就是馬達的輸入電源。

■通常小型馬達用的是直流馬達,大型馬達用的是交流馬達。

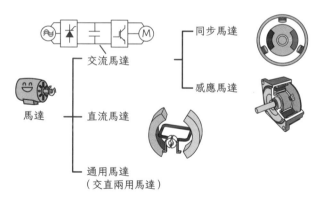

依電源為馬達分類

同步馬達(synchronous motor)⋯轉速與交流電頻率成正比的馬達。

感應馬達(induction motor)⋯轉速與交流電頻率大致成正比的馬達。已有很長的使用歷史。

▇━ 控制馬達

- 以逆變器等控制裝置控制馬達的方式，可以分成開環控制和回饋控制兩種。

- **開環控制**僅用電線連接馬達與控制裝置。因此，操作者需預先設定馬達的電壓、電流，再輸出驅動馬達。
  因此，當馬達或負載的狀態出現變化時無法馬上應對。

- **回饋控制**會用感測器偵測通過馬達的電流、旋轉角度、轉速等，再回饋給控制裝置，以調整馬達的驅動狀況。

- 在回饋控制的系統中，當馬達或負載的狀態突然改變，系統也可以因應這些變化，馬上調整馬達狀況。

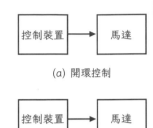

(a) 開環控制

(b) 回饋控制

馬達的控制

▇━ 通用馬達

- 電力電子元件可控制交流馬達與直流馬達。那麼，**通用馬達**是什麼樣的馬達呢？

- 交流電與直流電都可以驅動通用馬達，故通用馬達可以說是一種交直兩用馬達。通用馬達不使用永久磁石，而是將磁場線圈與電樞線圈（參考次節）串聯起來，構成**直流串激馬達**。

- 因為通用馬達的電刷與整流子比較特殊，所以交流電與直流電都可以驅動它。

- 一般很少透過電力電子元件控制通用馬達，而是直接用商用電源或直流電驅動。

- 通用馬達可高速旋轉，故常用於攪拌機與吸塵器。

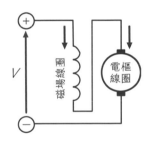

通用馬達

感測器（sensor）…將物理量（機械性、電性、熱性、化學性等）轉換成訊號的元件。
直流串激馬達（DC series motor）…電樞線圈與磁場線圈串聯在一起的直流馬達。

直流馬達

～首先複習一下馬達的基礎知識～

直流馬達會依照輸入的直流電電壓與電流大小，改變轉速。
這裡以最普遍的永久磁石直流馬達為例，說明直流馬達的原理。

直流馬達的原理

■磁場內的線圈通以電流時，由弗萊明左手定則可以知道力的方向，這個力再驅動直流馬達旋轉。

■直流馬達會使用電刷與整流子，讓線圈一直保持相同的電流方向。

■為了讓直流馬達旋轉而建構的磁場，叫做**磁場系統**。直流馬達可依照磁場系統來分類。

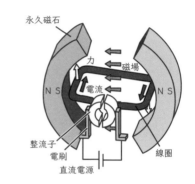

直流馬達的結構

■除了使用永久磁石之外，還可以用其他方法建構磁場系統。依照磁場系統的連接方式，可以將直流馬達分成直流串激馬達（參考前頁註解）、直流分激馬達、直流他激馬達等。另外，6-8節（第152頁）提到的無刷直流馬達，也是直流馬達的一種。

■擁有電刷是直流馬達的特徵。電刷與整流子間的滑動會造成磨損。所以直流馬達需要時常保養，是直流馬達的缺點。

永久磁石直流馬達的原理

■永久磁石直流馬達的原理是，永久磁石的磁場，以及與磁場垂直的線圈電流乘積，會產生電磁力。

電刷（brush）…與旋轉中的整流子滑動，使旋轉中線圈持續通電的靜止電極。

整流子（commutator）…直流馬達中，相對於外部電路的旋轉運動，使轉子的電流方向能反覆切換的旋轉電極。

■永久磁石直流馬達的動作可用以下基本算式說明。

① $T = K_\mathrm{T}I$ 馬達產生的轉矩 T 與電流成正比

② $E = K_\mathrm{E}\omega$ 馬達旋轉產生的電壓 E（速度電動勢）與轉速成正比。

■上式中，轉矩與電流的比例常數 K_T 叫做**轉矩常數**。而速度電動勢與轉速（ω）的比例常數 K_E 則叫做**電動勢常數**。兩者都是由馬達結構、構成決定的常數。

■使用SI單位制表示轉矩常數 K_T 與電動勢常數 K_E 時，兩者為相同數值。

■═◦ 永久磁石直流馬達的等價電路

■下圖電路的**電壓方程式**如下所示。

$$V = E + RI$$

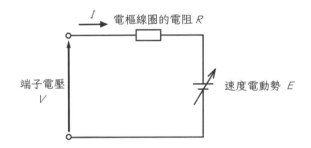

等價電路

■馬達的轉矩、電流可由以下算式求出。

$$T = \frac{K_\mathrm{T}}{R}V - \frac{K_\mathrm{T}K_\mathrm{E}}{R}\omega$$

$$I = \frac{V - K_\mathrm{E}\omega}{R}$$

磁場系統（field）…馬達或發電機中產生磁場的部分。

電樞（armature）…馬達或發電機中，使動能轉換成電能或電能轉換成動能的部分。

電壓方程式（voltage equation）…電路中表示電壓與電流的關係式，又叫做**電路方程式**。

直流馬達的特性

■直流馬達可以靠調節電壓、電流，控制轉速、轉矩。

■直流馬達的轉矩與電流成正比，故可直接控制轉矩。

■透過控制轉矩，可任意加速、減速馬達。

■調整電壓，便可控制轉速。

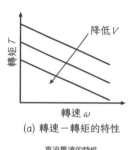

(a) 轉速－轉矩的特性

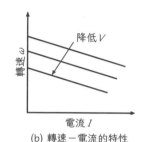

(b) 轉速－電流的特性

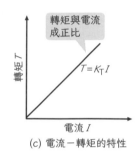

(c) 電流－轉矩的特性

直流馬達的特性

直流馬達的控制

■我們可藉由調節馬達的電壓、電流來控制直流馬達（右圖的DCM）。

■也就是說，只要有截波器或DC-DC變換器，就可以控制直流馬達了。

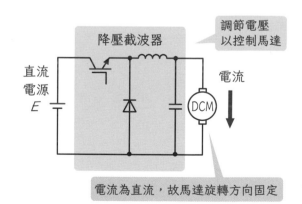

控制直流馬達

無負載速率（no-load speed）⋯馬達沒有負載時的轉速。也就是馬達的轉矩為零時的轉速。

改變直流馬達的旋轉方向

■直流馬達會依照電流方向旋轉，故改變直流電的方向（正向或反向），就可以讓馬達的旋轉方向反過來。

■以電力電子電路控制馬達的旋轉方向時，會用到H橋電路。再加上截波器，就可以控制轉矩或轉速了。

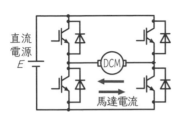

控制電流方向，就可讓馬達朝希望的方向旋轉

H橋電路

H橋電路與截波器的動作原理

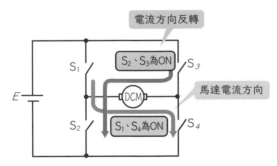

H橋電路的截波器動作

■S_1、S_4為ON、S_2、S_3為OFF時，馬達電流往右流動。

■相反的S_1、S_4為OFF、S_2、S_3為ON時，馬達電流往左流動。

■要改變馬達旋轉方向時，S_1、S_4為一組，S_2、S_3為一組，同組開關需同時ON或同時OFF。

■分別控制各個開關的工作因數，就可將其視為正、負向的截波器。

交流馬達
～使用三相交流電的馬達～

交流馬達大致上可以分成同步馬達與感應馬達。兩種交流馬達皆由三相交流電的頻率決定轉速。因此,由逆變器調整電流頻率,就能控制交流馬達的轉速。

交流馬達的原理

■三相交流電通過三相線圈後,由三相電流分別產生的磁場可合成出一個磁場,並隨著交流電的頻率旋轉。

■這樣的磁場叫做**旋轉磁場**。交流馬達就是利用旋轉磁場來旋轉的。

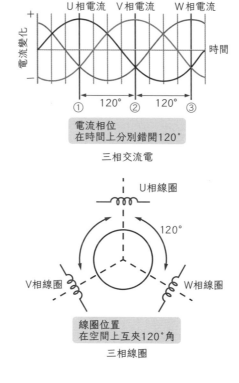

交流馬達的原理

旋轉磁場(rotating field)…S與N的成對磁極,沿著某個軸旋轉而變化的磁場。

三相線圈(three phase windings)…轉軸在空間上每隔120°配置一個線圈的線圈組。

逆變器如何控制交流馬達（使用交流電源時）

- **逆變器**是將直流電轉換成交流電的電力電子電路。因此，逆變器要使用商用電源時，必須先透過整流電路，將商用電源的交流電整流成直流電。
- 為了減少整流電路中的直流漣波，需使用**平滑電容器**。這個平滑電容器可決定整體逆變器裝置的大小與壽命，是非常重要的零件。
- 一般來說，市面上就有販售擁有整流電路的**逆變器裝置**。這種裝置常被直接稱為逆變器。之前我們提到的**逆變器電路**也叫做逆變器，嚴格來說兩者仍有差別。
- 如果電源是電池等直流電源，就只要逆變器電路就可以了，不需要整流電路。
- 商用電源經整流後，會變成電壓固定的直流電。另外，若在整流電路與逆變器電路之間加入截波器，還可以調節直流的電壓大小。

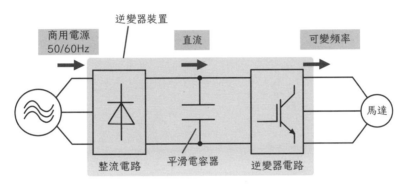

逆變器裝置

變換器（converter）⋯**整流電路**。可將交流電轉變成直流電的電路名稱。

(145)

感應馬達
～使用旋轉磁場的馬達～

感應馬達

■**感應馬達**是代表性的交流馬達

■透過電磁感應，使電流通過轉子的線圈，產生轉矩。轉矩改變時，轉速也會有些微變化。

■以旋轉磁場驅動，故不需要電刷。

■轉子沒有線圈，而是包埋在**鼠籠**內。

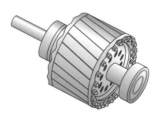

(a) 轉子（rotor）

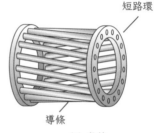

(b) 鼠籠

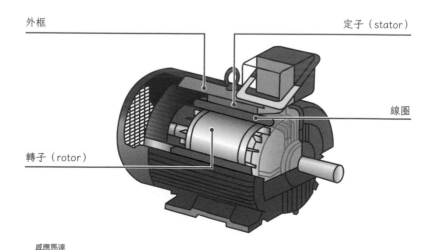

感應馬達

....

轉子（rotor）…旋轉的部分。不管是磁場、電樞、永久磁石，只要有在旋轉就屬於轉子。

鼠籠（squirrel cage）…轉子的導體，由許多棒狀導體，與導體末端的短路環組成。外型類似鼠籠而得其名。

感應馬達的轉速

- 感應馬達的轉速幾乎與交流電流的頻率成正比。
- 另外，感應馬達的轉速由同步速率與轉差決定。
- 交流電的頻率與電壓固定時，感應馬達的轉速會比同步速率略慢一些。
- **轉差**為同步速率與實際轉速的差。通常是小於0.1的小數值。
- 轉矩與轉差大致呈正比，所以當負載轉矩較大時，轉差也會比較大，使轉速略為下降。

〔感應馬達的轉速〕

馬達轉速與頻率幾乎成正比

$$同步速度 = \frac{120 \times 頻率 f(\text{Hz})}{極數 P} \quad (\text{min}^{-1})$$

$$馬達轉速\ N = 同步速度 \times (1 - 轉差) \quad (\text{min}^{-1})$$

轉差是感應馬達特有的數值，通常是小於0.1的小數值，與轉矩幾乎成正比變化。

開環控制

- 改變負載轉矩、交流電壓後，感應馬達的轉差會跟著改變，並繼續轉動。此時，馬達轉速會有些微變化。
- 也就是說，感應馬達有「能順著負載的變化自行調整，不需要另外控制」的優點。
- 因此，只要交流電的頻率與電壓保持固定，就能穩定運轉。
- 另一方面，若要控制感應馬達的轉速，需保持逆變器輸出的頻率與電壓固定。
- 所以說，逆變器接上馬達的三相電線，就可以控制馬達了。這叫做**開環控制**。

定子（stator）…固定的部分。

極數（number of poles）…馬達剖面時的磁極數。如果有N極與S極，那麼極數就是2。

同步速率（synchronous speed）…旋轉磁場的轉速。如果是馬達或發電機，會將轉速稱為速度。

⌧ 泛用逆變器

將泛用逆變器接上前面提到的「能以商用電源的三相交流電直接驅動的感應馬達（**標準馬達**）」，就可以控制轉速了。

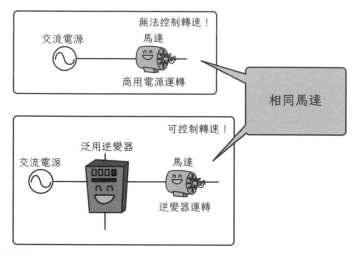

泛用逆變器

⌧ V／f 固定控制

- （$\frac{V}{f}$ **固定控制**）是一種用逆變器控制感應馬達的方法，維持頻率與電壓的比值固定。

- 當 $\frac{V}{f}$ 固定時，即使頻率 f 改變，馬達的磁通量、轉矩仍固定。

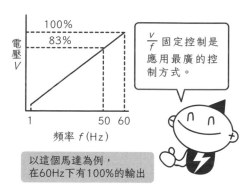

$\frac{V}{f}$ 固定控制是應用最廣的控制方式。

以這個馬達為例，在60Hz下有100%的輸出

V/f 固定控制

轉差（slip）…轉子的旋轉速度（轉速）與同步速率之間的差。通常以%表示。

$$轉差 = \frac{同步速率 - 實際轉速}{同步速率}（\%）$$

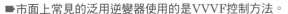
▓▭○ VVVF控制

■市面上常見的泛用逆變器使用的是VVVF控制方法。

■若固定$\dfrac{V}{f}$，轉速有其上限，這個上限轉速就叫做**基本轉速**。

■逆變器的輸出電壓不能比輸入電源電壓高。$\dfrac{V}{f}$ 固定控制下，電壓上限為轉速上限。

■**VVVF控制**依以下方法控制馬達。

　‧小於基本轉速時，進行$\dfrac{V}{f}$ 固定控制（定轉矩控制）。

　‧大於基本轉速時，固定電壓，僅改變頻率（**定輸出控制**）。

　‧這麼一來，大於基本轉速時，馬達的轉矩會與轉速成反比。

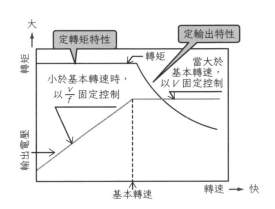

VVVF 控制

▓▭○ 逆變器專用馬達

泛用逆變器可控制「使用商用電源的標準馬達」，不過如果改用逆變器專用馬達的話，效率會更好。

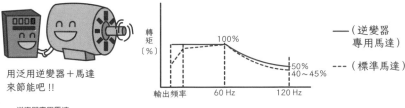

用泛用逆變器＋馬達
來節能吧!!

逆變器專用馬達

VVVF控制（Variable Voltage Variable Frequency control）…參考正文。

泛用逆變器（universal inverter）…可變速控制「能以商用電源直接驅動的馬達」的逆變器。通常與標準馬達組合運用。

同步馬達
～低轉速高效率的馬達～

本節要介紹的是同步馬達中的永磁同步馬達。

◼—◦ 永磁同步馬達

- ◼近年來，**永磁同步馬達**的使用越來越普及，這是一種將永久磁石放在轉子上的馬達，也叫做**PM馬達**。
- ◼隨著釹磁石的普及，永磁同步馬達也逐漸小型化、高性能化、普及化。
- ◼除此之外，還有不使用永久磁石的**勵磁同步馬達**。

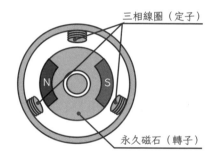

三相線圈（定子）

永久磁石（轉子）

永磁同步馬達

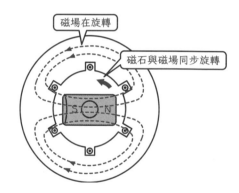

磁場在旋轉

磁石與磁場同步旋轉

◼—◦ 永磁同步馬達的控制

- ◼永磁同步馬達中，磁石的轉速與旋轉磁場相同，要是電流頻率與轉速不一致，就無法產生轉矩。

- ◼因此，這種馬達需使用感測器，檢測旋轉中的永久磁石的旋轉角度，以調節逆變器輸出的交流電頻率與相位，配合旋轉狀況。

- ◼因為需要調整頻率與相位，所以無法使用開環控制。使用回饋控制時，必須由感測器檢測轉子位置。

基本轉速（base speed）…參考正文。

標準馬達（standard motor）…依照日本JIS等標準製造，尺寸規格細節都有既定數值的馬達，用途多樣的泛用型馬達。也叫做**泛用馬達**。

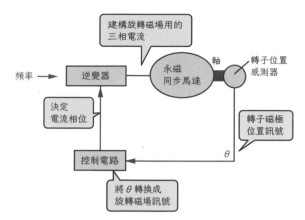

永磁同步馬達的控制

永磁同步馬達的性能

■永磁同步馬達的運作機制相當特殊，可透過嚴格控制的電流，調整轉矩與轉速。

■另外，即使改變轉速，效率也不會變，可以在低轉速下發揮高效率，故可直接驅動。

■永磁同步馬達會以同步速度旋轉，如下式所示。

$$N = \frac{120f}{P}$$

N：轉速
f：電流頻率
P：極數

■也就是說，轉速 N 與電流頻率 f 成正比。

永磁同步馬達的應用

■用釹磁石的永磁同步馬達可以做得更小、性能更好，廣泛用於各個用途。

■永磁同步馬達廣泛用於家電、電動車、混合動力車、電梯等領域。

PM馬達（Permanent Magnet motor）…參考正文。

直接驅動（direct drive）…在沒有減速機的介入下，由馬達直接驅動機器的運作方式。需要精密控制馬達，
使其能在低速下運行。

6-8

無刷馬達
～以電力電子學控制的無刷馬達！～

無刷馬達

- **無刷馬達**是沒有電刷的直流馬達。無刷馬達沒有電刷，改用電力電子元件控制轉動，使電流的運作模式與擁有電刷及整流子的一般馬達相同。因為使用的是直流電，所以也叫做**無刷直流馬達**。
- 無刷馬達中，永久磁石是轉子，線圈是定子。也就是說，無刷馬達與有電刷的永磁直流馬達結構剛好顛倒。
- 有電刷的永磁直流馬達有個缺點，那就是電刷的磨損會讓馬達劣化，轉動時電刷還會產生火花。無刷馬達消除可以這些來自電刷的缺點。
- 另一方面，無刷馬達的結構與永磁同步馬達十分類似。兩者的主要差異在於轉子位置，以及無刷馬達不需要回饋。
- 也就是說，無刷馬達只要能夠檢出轉動中的永久磁石的N／S極就好，不需要知道轉子的轉動位置。隨著磁極N／S的變換，該位置線圈內的電流極性（正／負）也會跟著切換。
- 無刷馬達在旋轉時，電流方向會隨著磁石的旋轉自動切換。
- 有電刷的永磁同步馬達必須接上正弦波的交流電流。無電刷馬達則不用，只要使線圈電壓極性不斷在正／負間切換就可以了，製造費用較為低廉。

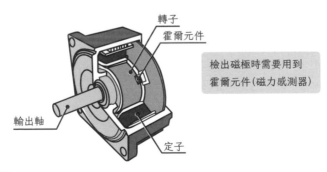

檢出磁極時需要用到
霍爾元件（磁力感測器）

轉子
霍爾元件
輸出軸
定子

無刷馬達

霍爾元件（Hall element）…利用**霍爾效應**（磁場造成電壓變化）將磁場大小轉變成電訊號的磁力感測器。

無刷馬達的原理

- 無刷馬達由永久磁石的轉子、線圈的定子、感測磁石N／S磁極的霍爾元件，以及電流切換電路構成。
- 無刷馬達的電流切換電路與逆變器電路結構相同，不過流經線圈的電流方向會隨著轉子的位置而改變。

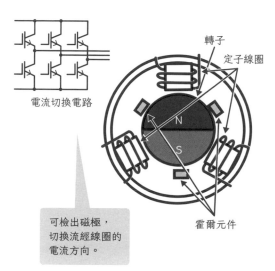

電流切換電路

轉子

定子線圈

N

S

可檢出磁極，
切換流經線圈的
電流方向。

霍爾元件

無刷馬達的原理

無刷馬達的使用方式

- 就像有電刷的直流馬達一樣，只要調整輸入的直流電壓，就叮以控制無刷馬達的轉速。

- 也就是說，無刷馬達的特性幾乎和有電刷的直流馬達相同。

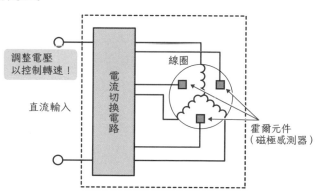

調整電壓
以控制轉速！

線圈

電流切換電路

直流輸入

霍爾元件
（磁極感測器）

無刷馬達的使用方式

6-9

向量控制
～活用弗萊明左手定則～

向量控制法會將交流電視為向量，可精密控制交流馬達。

弗萊明左手定則

■直流馬達的力的方向會遵守弗萊明左手定則，與磁場及線圈垂直。

弗萊明左手定則
「若電流與磁場垂直，則會產生一個與電流及磁場垂直的力。」

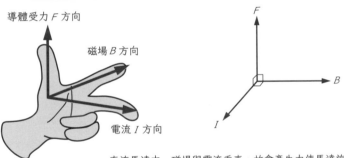

導體受力 F 方向

磁場 B 方向

電流 I 方向

直流馬達中，磁場與電流垂直，故會產生力使馬達旋轉。

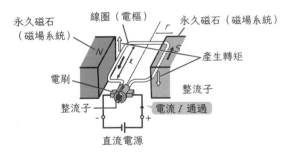

永久磁石
（磁場系統）

線圈（電樞）

永久磁石（磁場系統）

產生轉矩

電刷

整流子

整流子

電流 I 通過

直流電源

弗萊明左手定則

向量控制（vector control）…參考本文，也叫做field orientation control。

弗萊明左手定則（Fleming's left hand rule）…可說明磁場中通有電流之導體的受力（勞倫茲力）方向。

向量控制是什麼

■**向量控制**是利用電流與磁場垂直的關係，控制交流馬達的控制方式。

■磁場產生的磁通量向量，恆與電流向量垂直，故我們可透過逆變器控制交流電流。

■所以在向量控制中，會透過逆變器控制電流向量的大小與方向。交流馬達中的同步馬達、感應馬達皆適用。

■另外，向量控制還可以控制轉矩，故有著高精密度與高反應性等優點。

■其中，永磁同步馬達要是沒有用向量控制的話，就不能順利運轉（不過向量控制不適用於無刷馬達）。

向量控制的運作機制

■進行向量控制時，必須用逆變器控制電流向量的大小與方向，所以不只需要轉子位置回饋以檢出正確的旋轉角度，還需要電流回饋以正確檢出電流波形。

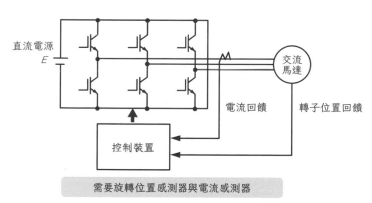

向量控制

轉子位置回饋（rotor position feedback）…檢出轉子的旋轉角度。使用**編碼器**、**分解器**作為感測器。

電力調節器
～把逆變器當作交流電源～

發出直流電的太陽能電池或燃料電池、時常變動的風力發電等自然能源,這些電能要轉變成穩定的交流電源,維持穩定電壓與頻率,才能商用化。這個過程稱為CVCF控制。

━○ 獨立電源與連接電網

■僅以逆變器輸出的交流電做為電源使用時,這樣的電源稱為**獨立電源**(**獨立運轉**)。此時,頻率與電壓可控制在一定數值。

■若逆變器輸出的交流電會連上電力系統,並供應電力給電力系統,或者與電力系統一同供應電力給負載,就叫做**連接電網**。

■連接電網時,必須將自行發出來的電力與電力系統的電壓、頻率同步,故需控制逆變器的輸出。

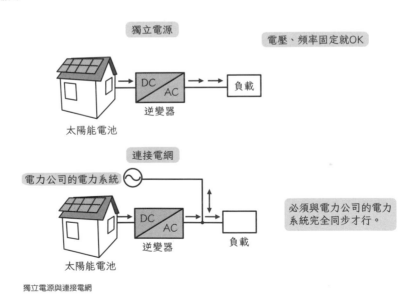

獨立電源與連接電網

....

CVCF控制(Constant Voltage Constant Frequency)…控制發電單元輸出定電壓定頻率的交流電。

電力系統(power grid)…包含了發電、輸送電力、變電、配電等部分的系統。

⚡ 電力調節器（連接電網用的逆變器）

■太陽能發電等分散型電源，可透過逆變器，接上電力系統、連接電網。

■連接電網時需要各式各樣的技術條件，才能配合得上系統狀態。

■若滿足技術條件，就可以將電力賣給系統（電力公司），也就是所謂的**賣電**。

■像這樣能讓電源「連接電網的逆變器」，稱為**電力調節器**。

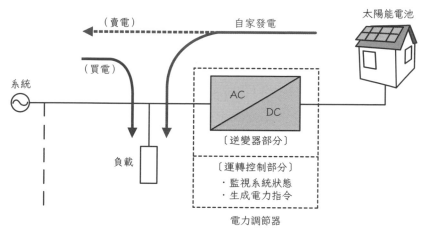

電力調節器（連接電網用的逆變器）

⚡ 連接電網

■連接電網時，會有三種電力流動模式。
　①自家不發電，僅使用來自電力公司的電力。
　②自家發電，但這些電量不夠用，所以也會使用來自電力公司的電力。
　③自家發電大於自家發電量，多出來的電能可以賣給電力公司

■日本家庭內會以100/200V的單相交流（與日本家庭插座相同的交流電）連接電網。如果是Mega Solar等發電業者，就會以6,600V的電壓接上三相交流的電網。

連接電網（grid connection）…參考正文。從電力公司輸往家庭的電力流動叫做**順流**，自己有發電的家庭賣電給電力公司則叫做**逆流**。

PWM變換器
～把逆變器當作整流電路～

再生

PWM變換器是什麼

■有用到逆變器電路的整流電路，就叫做**PWM變換器**。

PWM變換器的原理

■右下圖中，S_2為ON時，電流會沿著紅色箭頭流動。此時，電流路線如下。
【交流電源】→【L】→【S_2】→【D_4】→【交流電源】

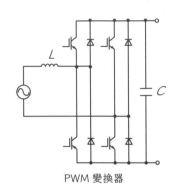

PWM 變換器

■仔細觀察這條路線，會發現這就是升壓截波器。

■因此，S_2為OFF時，電感L累積的能量會經由灰色箭頭流出，路徑如下
【L】→【D_1】→【C】
為電容充電，並供應直流電給負載。

■也就是說，PWM變換器在S_2為OFF的期間，也會持續供應電流給負載。因此，PWM變換器可以透過開關的ON／OFF控制輸入電流波形。

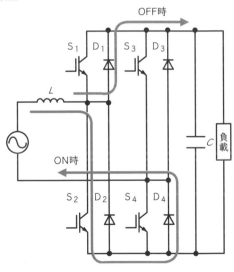

PMW 變換器的原理

....

PWM變換器（PWM converter）…透過PWM控制交流電流波形的整流電路。

PWM變換器的效果

- 使用二極體整流電路將交流電轉變成直流電後，交流端的電流如下方左圖所示，不再是正弦波。
- 當電流不是正弦波時，就表示含有諧波，這會讓電力系統產生各種問題。
- 只要使用PWM變換器，就能控制交流端的電流轉變成正弦波。
- 另外，PWM變換器可以控制電流的相位，使其與交流電壓完全相同。
- 再來，PWM變換器電路為逆變器電路左右相反的電路。圖右側的直流電往左側移動，經逆變器轉換後，就可以供應交流電。
- 為馬達減速、停下馬達時，相當於將馬達視為發電機，透過旋轉將動能轉變成電能。此時產生的電力可回收再利用，稱為**再生**（電動車的煞車）。
- 若將PWM變換器作為逆變器使用，再生電力就可以變換成交流電，供應電力系統。
- 另外，當交流電壓與交流電流皆為正弦波，且相位相同時，功率因數為1。

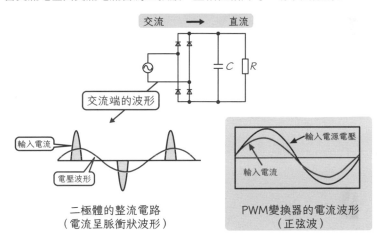

PWM 變換器的效果

功率因數（power factor）…視功率與有效功率的比例。當電壓與電流的相位差較大，或是波形並非正弦波（諧波較多）時，會增加視功率，使功率因數降低。

Help Yourself
At HOME.

第 7 章　家庭中的電力電子

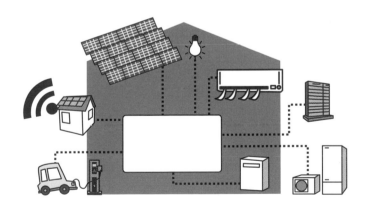

冷氣
～最貼近我們的電力電子學～

冷氣、冰箱、洗衣機等家電又叫做白色家電,因為它們通常是白色,通常也是用電量較大的家電。
白色家電大多是電力電子機器。另外,白色家電也叫做生活家電。

▆━○ 冷氣

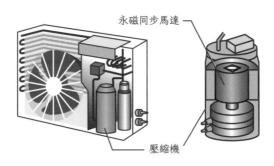

永磁同步馬達

壓縮機

冷氣室外機內部的壓縮機

■ **冷氣**是一般家電之中,耗電量最大的家電,很早就開始使用電力電子元件,盡可能地節能化。

■ 以前的冷氣會使用熱動開關控制壓縮機馬達的ON/OFF,現在則多使用逆變器控制壓縮機的轉速。

■ 另一方面,可以用逆變器控制壓縮機的轉速,使其在高速運轉下快速冷暖房,而在房間接近設定溫度時,開始低速運轉,降低消耗電力,這樣就能省下大量能量。

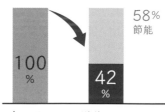

58% 節能

100 %

42 %

無逆變器的冷氣　搭載逆變器的冷氣

逆變器的節能效果

壓縮機(compressor)⋯提升氣體壓力再送出的裝置。冷氣壓縮的是冷媒氣體。

冷氣壓縮機的馬達

■冷氣壓縮機的第一世代初期產品中,以 ON／OFF控制感應馬達。

■第二世代起,改用逆變器控制感應馬達。

■現在的冷氣壓縮機,使用逆變器驅動永磁 同步馬達。永磁同步馬達在長時間低速運 轉下,仍可保持相當高的效率。

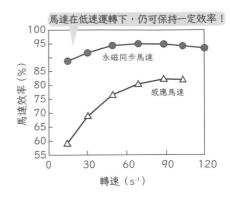

馬達在低速運轉下,仍可保持一定效率!

轉速與馬達效率的關係

冷氣的逆變器

■日本家中電源為單相100V電源,電壓加倍整流電路後可轉變成200V,用以驅動冷氣的 三相馬達。以這種方法提高電壓到200V時,馬達的電流僅為100V時的約 $\frac{1}{2}$ 。

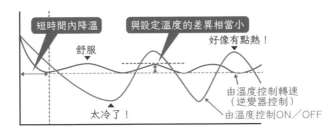

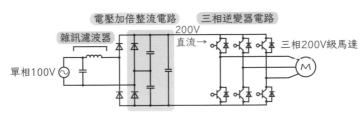

電壓加倍整流電路

電壓加倍整流電路(voltage doubler)…可在不使用變壓器的情況下,將電壓增為兩倍的整流電路。由二極 體與電容組合而成。多段式的電壓加倍整流電路稱為柯克勞夫一華爾吞電路。

冰箱

～運用電力電子學來智慧節能～

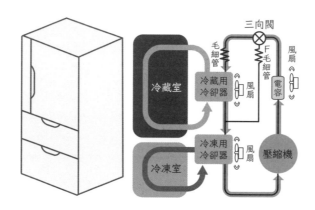

三向閥

毛細管

F 毛細管

風扇

電容

壓縮機

冷藏室

冷藏用 冷卻器

風扇

冷凍用 冷卻器

風扇

冷凍室

冰箱

■ **冰箱**是住宅中運轉時間最長的家電。

■ 在開始使用電力電子元件以前,與冷氣一樣,冰箱也是用熱動開關切換壓縮機的ON／OFF。

■ 改用逆變器控制後,冰箱可依照箱內溫度控制轉速,大幅降低了消耗電力量、開關門時的溫度變化、夜間的運轉聲量等。

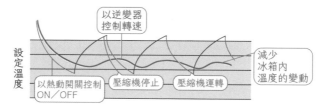

以逆變器 控制轉速

設定溫度

以熱動開關控制 ON／OFF

壓縮機停止

壓縮機運轉

減少 冰箱內 溫度的變動

冰箱運作機制

電力量(power consumption)…功率(W)的瞬間值。功率乘上時間(s)後可以得到**電能**(J)。電能在日文中也叫做電力量,一般以kWh為單位。

冰箱的逆變器

■一般而言，冰箱會使用電壓加倍整流電路，控制200V級三相馬達的轉速。

■使用的馬達是感應馬達或永磁同步馬達。

■與冷氣的運作原理大致共通，所以當冷氣技術提升時，冰箱的性能也會跟著提升。

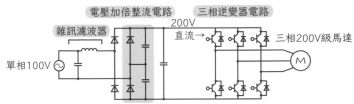

冰箱電路範例

冷氣與冰箱共通的降溫原理

■**冷卻循環**是一種以熱力學原理移動熱能的機制（**熱泵**），如下圖所示。以壓縮機壓縮冷媒氣體後，便可移動熱能。

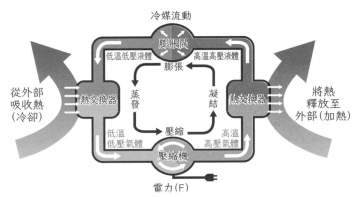

冷卻循環

■冷氣與冰箱只差在冷卻溫度不同，冷卻循環的原理是一樣的。

■使冷媒（在不同溫度下可以轉變成氣態或液態）吸熱／放熱，再移動冷媒，就可以達到冷卻／加熱的目的。

■冷卻循環消耗的電力與移動熱能時使用的能量成正比，而非與移動的熱能成正比。因此，冷卻循環可移動的熱能，可以比消耗的電能高。

....

冷媒（refrigerant）…移動熱能時使用的媒介。通常是使用氟氯碳化物，近年來也會使用CO_2。移動熱能時會液化、氣化。

洗衣機
～用逆變器降低音量並維持高轉速～

🔊 直立式洗衣機

■**洗衣機**可以分成從上方取放衣物的直立式洗衣機,以及從旁邊取放衣物的滾筒式洗衣機。

■直立式洗衣機在洗衣時的轉速較低,馬達的轉矩較大;脫水時的轉速較高,馬達的轉矩較小。

■因為這樣,直立式洗衣機馬達的運轉條件落差很大,控制起來比較困難。以前會在馬達加上減速器,在洗衣與脫水時,切換不同的轉速。

■另外,洗衣機在室內使用時,減速器會產生噪音,故現在的洗衣機一般會改採永磁同步馬達,並拿掉減速器,降低運轉時的噪音。

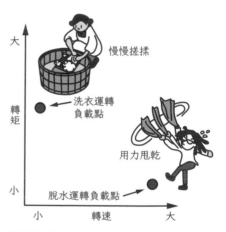

洗衣與脫水的負載點

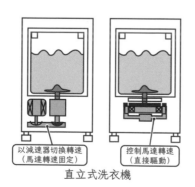

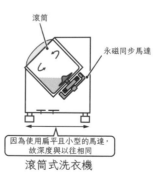

洗衣機的直接驅動

熱交換器（heat exchanger）⋯交換熱能的裝置。可用於加熱、冷卻。冷氣、冰箱等電器內的熱交換器可透過冷媒與空氣交換熱能。

洗衣機內的逆變器

■洗衣機內的逆變器可透過電壓加倍整流電路，控制200V級三相馬達的轉速。

■洗衣機的馬達可透過直接驅動控制轉速。

直接控制與滾筒式洗衣機

■滾筒式洗衣機的馬達裝在滾筒（洗衣槽）底部。依過去的技術製成的滾筒式洗衣機前後過長，一般日本住宅沒有空間放置這樣的洗衣機。

■另一方面，隨著永磁同步馬達的出現，人們得以製造扁平的薄型馬達，縮短洗衣機的前後深度，使滾筒式洗衣機在日本家庭逐漸普及。

■滾筒式洗衣機可直接驅動扁平的薄型永磁同步馬達運轉。

熱泵式洗脫烘衣機

■熱泵式洗脫烘衣機中，裝設了由逆變器驅動的熱泵，故可吹出熱風烘衣。

熱泵式洗脫烘衣機的運作機制

熱泵（heat pump）…透過加熱、冷卻移動熱能的零件叫做泵。加熱、暖氣機使用的泵常稱為熱泵。

膨脹閥（expansion valve）…液態冷媒通過時，降低其溫度壓力，使其轉變成易蒸發狀態的閥。

吸塵器
～用逆變器製造氣旋～

吸塵器是一種轉動馬達，吸取灰塵的簡單機械，不過在氣旋式、無線式等新型吸塵器中，也會用到許多電力電子技術。

傳統吸塵器（紙袋式）

■傳統吸塵器（紙袋式）會直接用商用電源，驅動高速旋轉的通用馬達。

■一般而言，傳統吸塵器（紙袋式）的馬達，轉速為每分鐘1萬轉。

■傳統吸塵器（紙袋式）不使用電力電子元件。

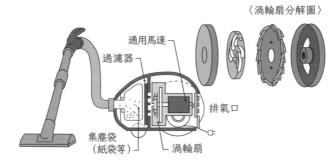

〈渦輪扇分解圖〉

通用馬達
過濾器
排氣口
集塵袋
（紙袋等）
渦輪扇

傳統吸塵器

氣旋吸塵器

■氣旋吸塵器會使用永磁同步馬達等電力電子元件驅動馬達。

■因此，馬達轉速可達每分鐘5萬轉以上，甚至有些產品可達每分鐘10萬轉以上。

渦流（swirl flow）⋯⋯一邊旋轉一邊前進的漩渦，就像龍捲風一樣。

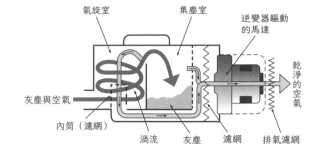

氣旋室　　　集塵室　　逆變器驅動
　　　　　　　　　　　的馬達

灰塵與空氣　　　　　　　　　　　　　　　乾淨
　　　　　　　　　　　　　　　　　　　　的空
　　　　　　　　　　　　　　　　　　　　氣

內筒（濾網）

渦流　　灰塵　　濾網　　排氣濾網

氣旋吸塵器的結構

無線吸塵器

■無線吸塵器的電源為內裝電池，使用前必須先充好電。

■這個充電器可將交流電轉變成直流電，是以DC-DC變換器控制充電的電力電子電路。

■某些無線吸塵器的電池輸出為直流電，並使用交直兩用的通用馬達。

■氣旋吸塵器則會用逆變器驅動交流馬達，使其高速旋轉。

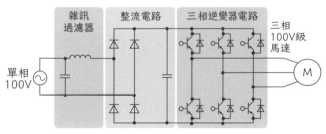

雜訊　　　整流電路　　三相逆變器電路
過濾器

　　　　　　　　　　　　　　　　　三相
　　　　　　　　　　　　　　　　　100V級
　　　　　　　　　　　　　　　　　馬達

單相
100V　　　　　　　　　　　　　　　　Ⓜ

吸塵器的電路

一般家庭用吸塵器的馬達
輸出約為1kW。施加高電
壓時，可以增加轉速，但
為了對應無線化功能，需
同時適用電池電壓，無法
使用電壓加倍電路。

因此，無線吸塵器會直接
整流商用電源，驅動100V
級三相馬達運轉。

整流（rectify）…將交流電轉換成直流電（參考第65頁）。

高頻（high frequency）…高頻率的意思。不同領域的高頻，意義也不一樣。電力電子領域的高頻，通常是
指開關頻率（kHz）很高的意思。

微波爐
～用電力電子學任意改變加熱輸出～

微波爐、烤箱等電器也叫做廚房家電。如名所示,這些電器是用來加熱、燒烤料理用的家電。如今使用電力電子元件的廚房家電也越來越多了。

⌁ 微波爐

■**微波爐**可用**微波**(頻率2.4GHz的電磁波)加熱食品中的水分,使食品一起被加熱。

■要產生微波,需使用磁控管(真空管)。

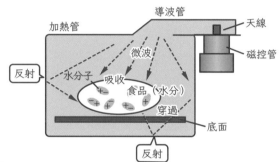

微波爐的機制

⌁ 磁控管

■**磁控管**是一種真空管,在高壓電下可產生微波。金屬殼內側產生微波後,上方天線可產生電波。

■如果電壓沒有達到數千V的話,磁控管不會有動作。所以一般商用的單相100V電源無法驅動磁控管,需要變壓器升壓才行。

■在採用電力電子元件以前,磁控管是直接由ON/OFF控制,所以有時候無法順利運作。

磁控管

高頻變壓器(high frequency transformer)…高頻電力用的變壓器,鐵芯由鐵氧體等磁力性質特殊的材質製作。

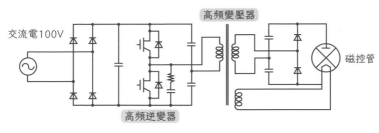

微波爐內的逆變器

微波爐內的逆變器

- 磁控管需在高電壓下才能正常運作，故需要升壓用的變壓器。而用高頻逆變器，可以小型化這種變壓器。

- 而且我們可以透過控制逆變器，調節磁控管的動作電壓。不需切換ON／OFF，而是能連續改變加熱輸出的大小。

- 在微波爐開始使用逆變器之後，就從原本的ON／OFF控制，轉變成了連續控制。相對其他電器，微波爐的運轉時間較短，所以電力電子元件帶來的節能效果比較不明顯。

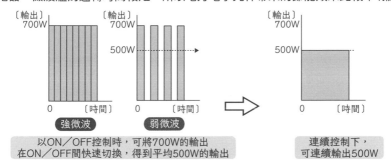

微波爐導入逆變器後的效果

為什麼高頻化後可以小型化

　　磁場可讓線圈產生電磁感應現象。電磁感應所產生的電動勢大小，與磁場變化的速度（頻率大小）成正比。也就是說，在相同電壓下，頻率越高，需要磁通量就越少，可以用越小的線圈達到相同的感應電動勢。

　　換個例子來說，大水桶一次裝的水量，可以用小水桶分好幾次裝。以高頻率切換開關時，就是增加每秒切換開關的次數。如此一來，L與C就不需那麼大，使整體裝置能夠小型化。

高頻逆變器（high frequency inverter）…以逆變器輸出高頻率交流電的變壓器。與一般逆變器相比，高頻逆變器的開關頻率特別高，所以各部分都需設計成高頻率專用的形式。

IH

～用渦電流做料理！～

IH指的是能用電磁感應進行感應加熱的加熱裝置（參考第55頁）。

◼️◦ IH爐

■電磁感應與單位時間的磁極變化（N與S的切換）次數成正比，故當頻率越大，即磁極變化頻率越高時，產生的熱能就越多。

■因此，IH爐通常會使用20～90kHz的高頻率磁場。

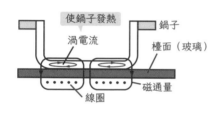

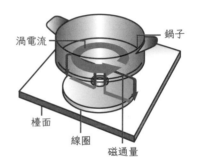

IH 爐的結構

◼️◦ IH爐的加熱機制

■IH爐的加熱機制如下

①透過電磁感應，在鍋子內部產生電動勢。
　　↓
②在金屬（鍋子）內部產生渦電流。
　　↓
③由渦電流的焦耳熱，使金屬（鍋子）發熱。

■此時由鍋子產生的電動勢e可由右式求出（參考第42頁）。

$$e = -L\frac{dI}{dt}$$ ——線圈內電流的每秒變化

感應加熱（induction heating）…電磁感應使金屬內部產生渦電流，渦電流可產生焦耳熱以加熱金屬。

▂◦ IH爐的逆變器

■有些會使用單一開關元件（**單開關式**）的共振式逆變器。

■**共振式逆變器**的輸出頻率，由線圈電感L的LC共振頻率決定。

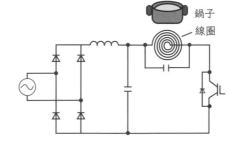

鍋子

線圈

IH爐的線圈與逆變器電路

▂◦ IH電子鍋

■**IH電子鍋**的運作原理與IH爐相同，都會用到共振式逆變器。

■高級機種的底面、側面、鍋蓋都裝有線圈，分別控制各自的逆變器，以管控加熱分布。

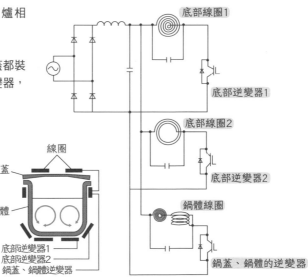

底部線圈1

底部逆變器1

底部線圈2

底部逆變器2

鍋體線圈

鍋蓋、鍋體的逆變器

線圈

鍋蓋

鍋體

底部逆變器1
底部逆變器2
鍋蓋、鍋體逆變器

IH 電子鍋的結構與逆變器

單開關式逆變器（single-piece inverter）…只靠著一個開關的ON／OFF，將直流電轉變成交流電的過程。
半導體領域中使用的矽原料來自石頭，所以半導體元件也常被稱為「石頭」。

照明
～運用電力電子學點燈～

LED照明

■LED為二極體的一種,利用半導體的特性來發光。

■也就是說,使用LED照明時,需控制通過LED的直流電。

■LED電流過大時會燒毀,所以必須使用電力電子元件控制。

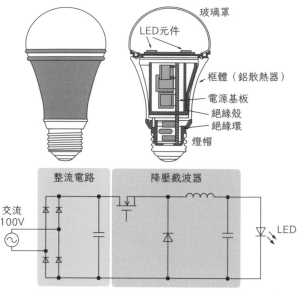

LED 照明的結構與電路

LED照明的驅動方式

■LED照明的驅動方式可分為以下兩種。

■**DC驅動方式**,是將交流電整流成直流電,再透過降壓截波器,控制通過LED的直流電流的大小。

■**脈衝驅動方式**是以脈衝波列驅動LED。可透過脈寬或脈衝數來調整光量。另外,與一直亮著的燈相比,一閃一閃的光線會讓人眼覺得比較亮。

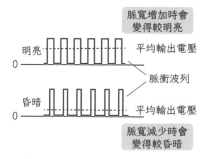

脈衝驅動方式

共振(resonance)…線圈與電容間的能量移動,會符合某個特定頻率(**共振頻率**)的電路。共振頻率由電感L與靜電容量C的大小決定,也叫做LC共振。

日光燈

- **日光燈**（螢光燈）會透過燈管內的電弧放電產生紫外線，紫外線照射到玻璃管內側的螢光物質後，會產生可見光（眼睛看得到的光），照亮周圍。
- 因此，如果日光燈要接上商用電源，必須安裝**啟動器**以啟動管內電弧放電，並安裝**扼流線圈**以穩定電弧放電的電流。
- 另一方面，若使用逆變器，就可以同時達到啟動器與扼流線圈的效果。
- 而且逆變器可以控制頻率，以高頻率閃動日光燈，使人眼不會看到一閃一閃的樣子。

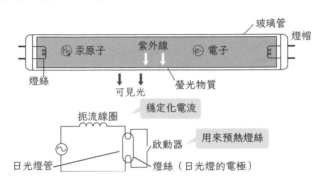

日光燈

日光燈的逆變器

- 若要以逆變器點亮日光燈，需要產生40kHz以上的高頻率電流，所以會使用共振式逆變器。
- 使用共振式逆變器時，改變頻率就可以調節亮度。

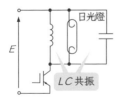

單開關式共振式點燈電路

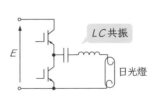

雙開關式共振式點燈電路

日光燈的逆變器電路

LED（Light Emitting Diode）…**發光二極體**。有電流通過時會發光的半導體。依構成材料的不同，會發出不同波長（顏色）的光。

AC配接器與充電器
～看起來很像其實大有不同～

電腦、智慧型手機等需要為電池充電的機器，都會用到充電器或AC配接器。
這些機器的內部電路需以低壓直流電運作，故無法直接接上商用電源。

AC配接器

■**AC配接器**是筆記型電腦等裝有電池的行動裝置在直接接上商用電源時，將商用電源的
交流電轉換成機器需要的直流電（譬如13V）的整流器。

AC配接器的原理與電路

■AC配接器可用變壓器將
交流電絕緣、降壓，再用
整流電路整流。

■簡易AC配接器可以穩定
電壓。

■內建變壓器，故AC配接
器又大又重。

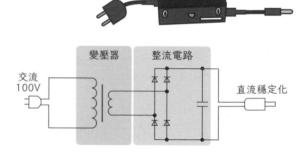

AC 配接器的電路

高頻變換器（絕緣型DC-DC變換器）

■**高頻變換器**可將商用電源轉換成直流電，再以絕緣型DC-DC變換器改變電壓。

■使用高頻電流，故變壓器可小型、輕量化。

■另外，因為可以控制輸出電壓與輸出電流，故可固定電壓與電流。

電弧放電（arc discharge）…電極間的氣體被電擊穿，變為離子，使電極間產生電流並持續發光、高熱的現
象。**火花放電**則是指瞬間的放電現象。

絕緣型DC-DC變換器（isolated DC-DC converter）…參考3-6節（第80頁）。

▇━○ 充電器

■以商用電源為智慧型手機或平板電腦的內建電池充電時，會使用**充電器**。

■充電器與AC配接器類似，可以將交流電轉換成指定電壓的直流電。與AC配接器不同的地方在於，充電器可以視電池的充電狀態，控制電流大小。

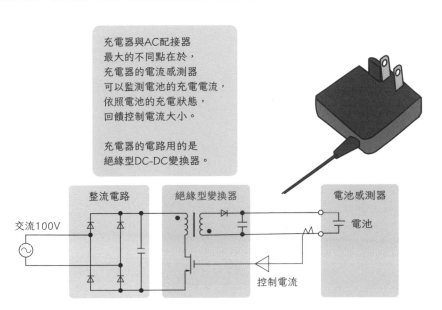

充電器與AC配接器
最大的不同點在於，
充電器的電流感測器
可以監測電池的充電電流，
依照電池的充電狀態，
回饋控制電流大小。

充電器的電路用的是
絕緣型DC-DC變換器。

整流電路　　　絕緣型變換器　　　電池感測器

交流100V　　　　　　　　　　　　　　　　電池

控制電流

充電器的電路

▇━○ 隨身機器的充電控制

■搭載電池的隨身機器在充電初期時，會以固定電流的方式控制充電，後期則會以固定電壓的方式控制充電。

■這種控制模式的變化，可以縮短充電時間，減少電池耗損，維持充電器容量等。

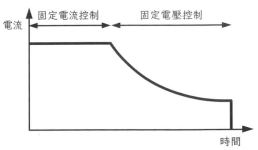

固定電流控制　　　固定電壓控制

電流

時間

充電控制模式

充電器（battery charger）…為充電電池（**蓄電池**）充電的工具。
鋰離子電池（Lithium-ion battery）…利用電池內電極間的鋰離子移動來產生能量的電池。又輕又小，故相當普及。

資訊傳輸裝置、影像播放裝置
～支撐著敏感複雜的 ICT、IoT～

電子機器

■所有使用單晶片或電子電路的電子機器，都有一個電子電路專用的電源。

■**電子電路電源**與商用電源絕緣，是一個直流、電壓為5V、12V穩定電源，供電子電路使用。

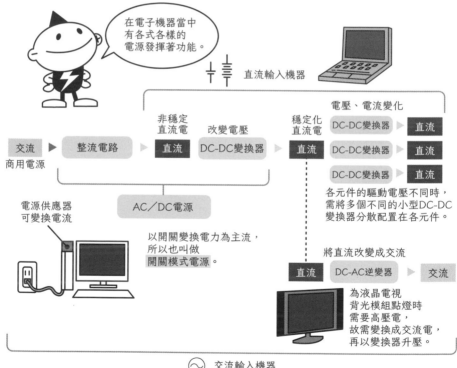

在電子機器當中有各式各樣的電源發揮著功能。

直流輸入機器

電壓、電流變化

| 交流
商用電源 | ▶ | 整流電路 | ▶ | 非穩定
直流電
直流 | 改變電壓
DC-DC變換器 | ▶ | 穩定化
直流電
直流 | DC-DC變換器 ▶ 直流
DC-DC變換器 ▶ 直流
DC-DC變換器 ▶ 直流 |

AC／DC電源

電源供應器
可變換電流

以開關變換電力為主流，所以也叫做
開關模式電源。

各元件的驅動電壓不同時，需將多個不同的小型DC-DC變換器分散配置在各元件。

將直流改變成交流

直流 DC-AC逆變器 ▶ 交流

為液晶電視
背光模組點燈時
需要高壓電，
故需變換成交流電，
再以變換器升壓。

⌇ 交流輸入機器

電子機器內部的電力變換元件

IC（Integrated Circuit）…**積體電路**。在矽基板上裝設電晶體、電阻等電路元件，並適當配線，使其成為擁有某種功能的電子電路。

DVD（Digital Versatile Disc）…以雷射光讀取資料的儲存媒介。

印刷電路板的電源

- IC印刷電路板上有數個電源電路。包括5V的穩定化電路、將5V轉換成3.3V的電路、將5V轉換成2.5V的電路等。

生成2.5V　生成3.3V　供應直流5V

以2.5V工作的半導體

以5V工作的IC

以3.3V工作的計時器

印刷電路板的例子

液晶顯示器

- 液晶顯示器除了需要電子電路用電源之外，也需要準備驅動液晶的電源。
- 另外，要顯示液晶圖像時，還需要約10V的電壓，所以有升壓電路。

逆變器電路板　主電路板　液晶面板　電源電路板

高壓變壓器

電源變壓器

單晶片

主電源開關

畫面記憶體

前開關

主電路板的背面

液晶顯示器

硬碟結構

- DVD或HDD等碟片驅動裝置中，含有能夠轉動硬碟的主軸馬達，以及能夠移動讀寫頭的音圈馬達。
- 兩者都需要精密控制，所以需要電力電子元件的伺服控制。
- 此外，還需要能移動硬碟托盤的馬達。
- DVD或HDD的碟片中，內側軌道與外側軌道半徑不同。為了讓讀寫速度保持一定（Constant Line Velocity）需要隨時控制旋轉速度。

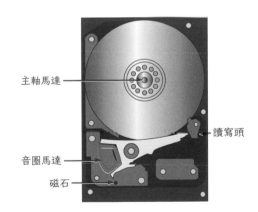

主軸馬達

讀寫頭

音圈馬達

磁石

硬碟結構

HDD（Hard Disk Drive）⋯以磁性作為記憶媒介的記憶裝置。
主軸馬達（spindle motor）⋯馬達與旋轉部分（轉軸）一體化的馬達。名稱源自其使用目的。

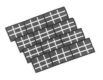
家用太陽能發電與能量農場
～沒有電力電子學就無法成立～

■━° 家庭用太陽能發電

■**太陽能電池**可透過電力調節器（連接電網用的逆變器）連接電力系統（參考6-10，第156頁）。

■電力調節器的輸出，與單相三線制的100/200V系統相連。

■太陽能板的發電量會隨著日照改變，相對不穩定。因此需要升壓截波器將電壓提高到400V以上，使電壓穩定化。再透過逆變器轉變成交流電。

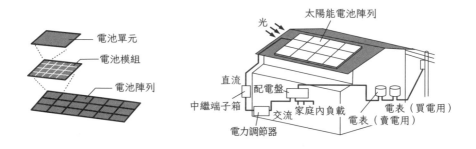

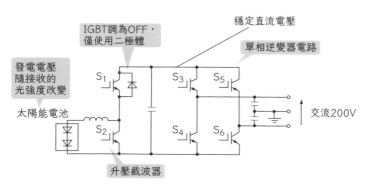

家庭用太陽能發電的結構與電路圖

太陽能電池單元（solar cell）…太陽能電池的基本單位。裡面的半導體照到光時會產生電動勢，可用來發電。

太陽能電池模組（solar cell module）…將多個電池單元相連，並以玻璃、樹脂保護的裝置。
太陽能電池陣列（solar array）…將多個模組相連，可放在架上的裝置。

MPPT控制

■太陽能電池的電壓、電流特性會隨著日照強度改變,故功率最高時的電壓也會隨著日照強度而改變。

■為了在日照強度不同時都能獲得最大輸出,需使用電力電子元件,調節太陽能板的動作電壓,這叫做**MPPT控制**。

■太陽能板發電的電力為(電壓)×(電流)。

■所以,最高發電功率的電壓,會隨著日照強度改變,如右圖所示。

■為了在日照強度不同時都能達到最高發電功率,需以MPPT控制隨時調節太陽能板的電壓。

■MPPT控制常使用**登山法**。登山法會先試著提升些許電壓,如果功率跟著提升的話,就再繼續提升電壓;如果功率降低的話就降低電壓。所以當功率達到頂峰後,會在頂峰附近來來去去,這就是登山法。

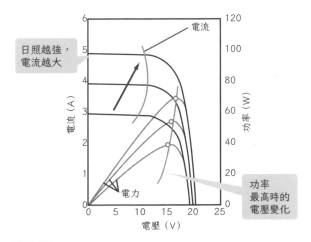

MPPT 控制

日照強度(intensity)…光的強度。單位為(kW/m²)。**日照量**為一段時間內的陽光能量。單位為(kWh/m²)或(J/m²)。

MPPT控制(Maximum Power Point Tracking)…**最大功率點追蹤控制**。參考正文。

能源農場

■ 使用天然氣、液化石油氣的燃料電池發電系統。
■ 燃料電池發電時的排出大量廢熱，以這些廢熱產生溫水並儲存，可用於熱水供應。這個過程稱為**熱電共生**。
■ 家庭用燃料電池的熱電共生，在日本也稱為**能源農場**（ENE-FARM）。

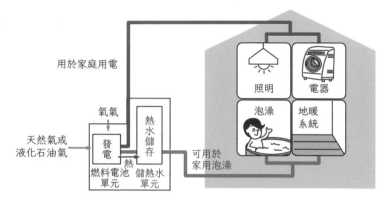

熱電共生示意圖

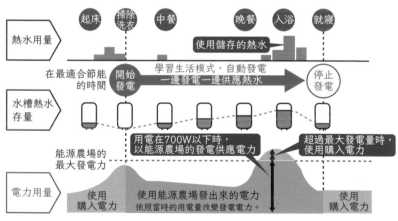

能源農場的熱電共生

燃料電池（fuel cell）…透過氫氣與氧氣的化學反應產生電力的發電裝置。
BMU（Battery Management Unit）…監控電池電壓、溫度的管理單元。

能源農場的電力調節器（連接電網逆變器）

■要將能源農場接上電網時，由於燃料電池的發電電壓較低，故需使用升壓截波器。

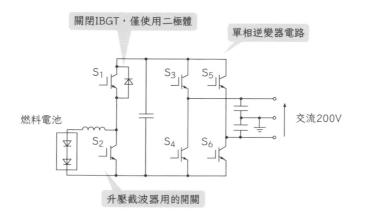

能源農場的逆變器電路

蓄電與儲熱

■以燃料電池發電時，
需排出廢熱。

■儲存電力並不容易，
不過以廢熱為水加熱
後，可簡單儲存在熱
水槽。

■如此一來，使用電力
的同時，可以儲存廢
熱（熱水）。

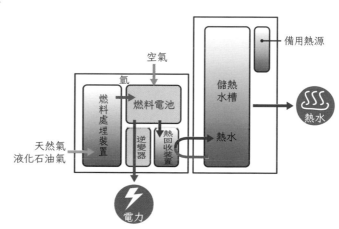

能源農場的蓄電與儲熱

HEMS與智慧電網

～管理家庭內的能源～

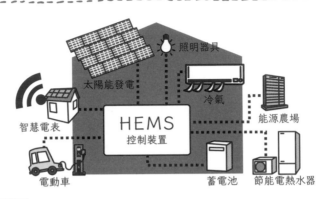

照明器具

太陽能發電

智慧電表

冷氣

能源農場

HEMS
控制裝置

電動車

蓄電池 節能電熱水器

HEMS 示意圖

📼 HEMS與電力電子

■HEMS指的是家庭能源管理系統，可集中管理家電、太陽能發電、蓄電池、電動車等用品。

■具體來說，就是以監視畫面將消耗能量「視覺化」，自動控制各種家電。

■這需要進行交流直流轉換、直流變壓、電池充放電控制等，所以HEMS需用到電力電子元件。

📼 家用蓄電系統

■要實現HEMS，必須擁有儲存電力的能力。

■故需要家用蓄電系統。

■除了購買蓄電池之外，也可以使用電動車電池（**V2H**）。

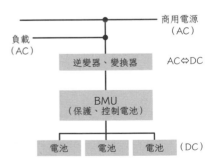

商用電源
（AC）

負載
（AC）

逆變器、變換器　　AC⇔DC

BMU
（保護、控制電池）

電池　　電池　　電池　（DC）

家用蓄電系統

HEMS（Home Energy Management System）…參考正文。

智慧電網

■**智慧電網**可透過資訊網路，控制電力的供給與需求。

■也就是說，智慧電網是能夠最佳化電力使用效率的電網。

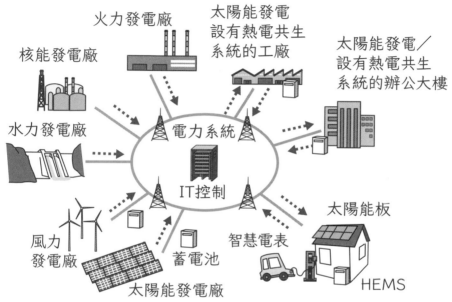

智慧電網示意圖

....

智慧電網（smart grid）…控制電力的供給、需求，使電力使用效率最佳化的電網。建構這種供電電網時，需要專用機器、軟體。

V2H（Vehicle to Home）…將電動車搭載的電池電力納入家庭用電的系統。

⏚ 黑與白

白色家電是冰箱、洗衣機、冷氣機的總稱,通常指家庭內耗電量相對較大的電器。因為早期這些電器通常都是白色,所以有了這樣的稱呼。

相對的,**黑色家電**則是指主要功能為影像顯示、資訊處理等耗電量較小的電器。這些電器的顏色通常以黑色為基調。

此外,還有些家電會被歸類為**生活家電**(吸塵器、電熨斗)、**廚房家電**(微波爐、IH爐)等。

雖然這些俗稱都沒有嚴謹的定義,不過大型家電賣場常會以這種簡單易懂的方式為電器分類。

白色家電

黑色家電

白色家電與黑色家電

停電以外的電源異常

除了停電以外的電源異常，可整理如下。

電源異常的種類　　　　　　　　　　波形

不管
是哪種波，
我都不怕！

商用
電源

瞬間停電
不到1秒的停電。
電力公司切換供電途徑時發生。

瞬間電壓下降（瞬低）
約0.07秒到0.2秒左右的停電。落雷或雪
災所造成的閃燃，會使供電電線的電壓
下降。

電壓變動
電壓上升、下降。電壓下降的原因多為
電源設備容量過小、啟用了某個耗電量
大的電器等；電壓上升則有可能是因為
外部雜訊。

突波
一次性的電壓上升（電壓過高）或電流
過高。打雷或切換配電系統時，易發生
突波。

雜訊
於電源波形紊亂時產生。落雷、工業機
械、發電機、無線機器、電子機器等各
種機器都有可能發生。

電源異常的種類與各種波形

7

家庭中的電力電子　HEMS與智慧電網

TRANS, Everywhere.

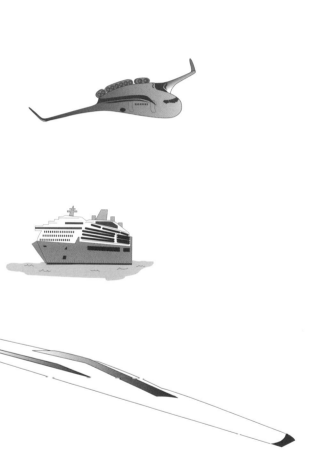

第 8 章 交通工具與電力電子學

8-1

鐵道車輛
～鐵道是電力電子學的優等生～

■ 電氣化火車的運作機制

■電氣化火車（以下簡稱**電車**）會從
集電弓獲得電力，驅動馬達運轉。

■電車頂部的集電弓會與一條**架空線**
（張在電車上方的電線）接觸。

■要讓電流通過，必須有兩條電線，
一條接正極一條接負極。而在電車
的例子中，軌道就是另一條電線。

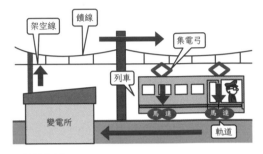

電車電流的方向

■以日本而言，JR在來線與私鐵的電車，架
空線的電流多為直流1500V。

■日本國內幾乎所有電車都使用感應馬達。

■這種馬達裝在電車地板下的台車。一個車廂
裝有兩組台車，每個台車有兩個車軸，每個
車軸裝有一個馬達。也就是說，一個車廂有
兩組台車、四個馬達。

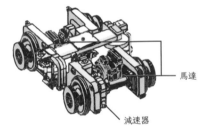

電車馬達

■將好幾個車廂編成一列電車時，有時會將其中幾個車廂的的馬達拿掉。

■ VVVF（行駛用逆變器）

■一般日本國內的電車，是用逆變器，以向量控制方式（6-9節，參考第154頁），控制
輸出150kW的感應馬達（IM）。也就是透過逆變器，控制感應馬達的轉矩。

集電弓（pantograph）…裝在電車頂部，用以導入架空線電流的集電裝置。外型為菱形或Z形，可以伸縮。
饋線（feeder）…將來自變電所的電流導入較細的架空線的電線。

190

■以電車為例，逆變器本身通常也被稱為**VVVF**。不過，如同在6-6節（第148頁）介紹的一樣，VVVF是一種控制感應馬達轉速的控制方法。正確來說，我們可透過電車的逆變器，以向量控制方法控制馬達轉矩。

■以電車為例，大部分會以一個逆變器來控制一個車廂的四個馬達。

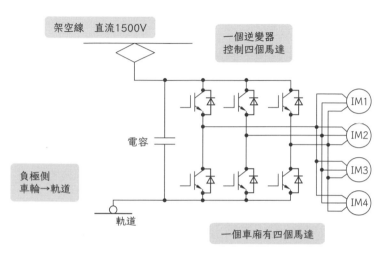

VVVF 電路

 ## SIV（輔助電源使用的逆變器）

■SIV是一種逆變器。由集電弓供應的直流電在用於車內照明、空調時，需以SIV轉換成交流電。

■SIV可分成200V或400V的輸出，以CVCF方式控制（參考第156頁）。

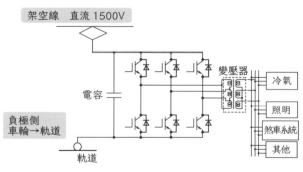

SIV 電路

架空線（overhead wire）…張在電車上方的電線。這裡指的是透過集電弓，供應鐵路車廂電力的電線。
車軸（axle）…車廂車輪的轉軸。

逆變器的再生

- 電車的逆變器不只有行駛時驅動馬達的功能，在**再生制動**上也扮演著重要角色（參考第243頁）。

- 減速時，可將馬達視為發電機，發電時的負載為煞車制動力，這樣就可以產生電力。這個動作就叫做**再生**。

- 再生產生的電力可透過架空線，傳送給同時間行駛中的其他電車使用。相對於再生，以馬達的運轉行駛時，稱為**動力運轉**。

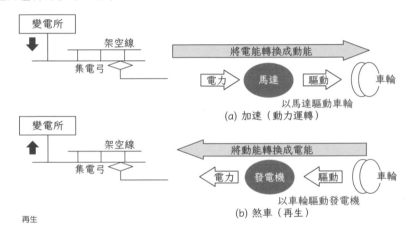

(a) 加速（動力運轉）

(b) 煞車（再生）

再生

逆變器的再生

- 將電車的逆變器（IGBT）OFF時，電路會轉變成三相整流電路。

- 也就是說，馬達發出的三相交流電，經過逆變器的反饋二極體後，會整流成直流電。

- 此時，如果產生的直流電電壓比架空線的電壓還要高，電力就會透過架空線送出。

- 駕駛可依情況切換再生煞車與機械剎車。

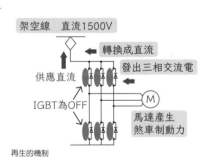

再生的機制

SIV（Static InVerter）…鐵路車輛用的輔助電源裝置，為和製英語。英語叫做**APU**（Auxiliary Power Unit）。

Power Up !!

◻ 電車搭載的電力電子學機器

電車除了行駛系統、SIV之外，在以下系統中也會用到電力電子機器。

· 控制冷氣的逆變器
  （不只是壓縮機，也要控制室內、室外風扇）
· 控制電動門的系統（不只是旋轉型馬達，也會用到線性馬達。過去會使用氣壓控制門的開閉）
· 控制空氣煞車用壓縮機的逆變器

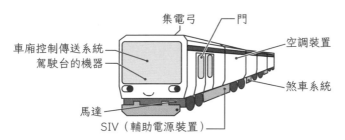

電車搭載的電力電子機器

一般會用**脈衝模式切換**的方式來控制電車用的逆變器。這是透過切換由PWM所控制的載波（參考5-4節，第127頁）頻率，使其轉變成訊號波頻率（要輸入至馬達的頻率）的整數倍。如此一來即使頻率改變，訊號波在一個週期內的脈衝數仍固定。

也就是說，以脈衝模式切換

DoReMiFa 逆變器

的方式來控制逆變器時，可以在變更脈衝數時，控制載波的頻率在一定範圍內。這麼一來，電車加速時，馬達的磁力噪音音色就會產生變化。**DoReMiFa逆變器**就是將馬達載波頻率所發出之磁力噪音的頻率，設定成了這些音的音階。

新幹線
～走在電力電子學的尖端～

■── 新幹線的電力供應

■**新幹線**使用的是25kV（2萬5000V）交流電，由架空線供應。

■供應相同功率的電力時，電壓越高，電流越小。這表示以高速行駛的新幹線，通過集電弓的電流相當小。電流小有很多優點，譬如可以使用很細的導線。

■由架線供應的高壓交流電會透過車內變壓器降壓至1000V，再供電給車內各個裝置。

■新幹線的變壓器與逆變器裝在車體地板下。感應馬達與JR在來線一樣，裝在台車內。

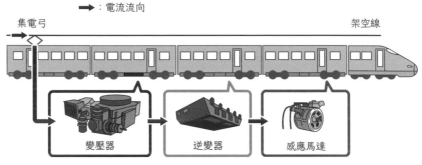

新幹線的驅動系統

■新幹線使用的是300kW的驅動馬達（感應馬達，IM），一節車廂有4個馬達。若以16節車廂編成一列，那麼有14節車廂裝有驅動馬達，共有56個馬達。也就是說，一列新幹線的電力輸出約為1萬7000kW。

NPC逆變器（Neutral Point Clamp Inverter）…為了讓功率元件的電壓減半而設置的逆變器電路。也叫做**三階逆變器**（相對於此，一般的逆變器電路稱為**二階逆變器**）。

採用PWM變換器

- 新幹線可透過PWM變換器（參考6-11節，第158頁），控制來自集電弓的正弦波電流。
- PWM變換器可讓架空線的電流變為正弦波。此時，電流的諧波不會通過，所以電流會變少，也就是說，功率因數為1。
- 另一方面，當電車的功率因數不是1，有諧波電流通過時，變電所也必須供應諧波電流。也就是說，採用PWM變換器的車廂越多，就可以減少地面變電所的負擔。這表示，在變電所的容量相同的情況下，採用PWM變換器可以驅動更多電車。

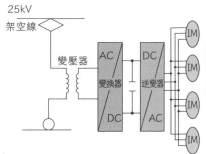

PWM 變換器

三階逆變器（N700系）

- 新幹線從2000左右起，改用1200V等級的功率元件，但因為供應電壓過高，元件的耐壓度不足，所以逆變器、變換器皆改採用**NPC逆變器**（**三階逆變器**）。
- 後來又開發出了3.3kV的功率元件，使新幹線可以使用一般逆變器電路（二階逆變器）。
- 2020年登場的N700S中，二階逆變器就是採用SiC功率元件。

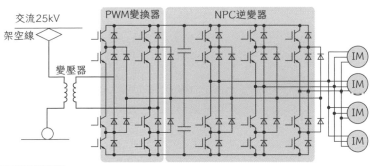

N700 系三階逆變器

SiC（Silicon Carbide）…一種寬能隙半導體材料。與現在的Si半導體相比，SiC被認為可以製造出性能更高的半導體而備受期待（參考11-6節，第264頁）。

線性馬達車

～把轉子變成定子！～

線性馬達車顧名思義，就是用線性馬達驅動行駛的車輛。提到線性馬達車，可能會讓人想到磁浮列車。不過，目前已有許多用線性馬達驅動行駛的車輪式車輛正在運行中。

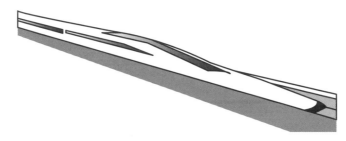

磁浮式線性馬達車

旋轉式馬達與線性馬達

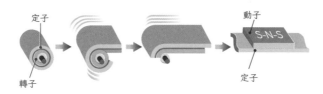

線性馬達的示意圖

■產生直線方向的力的馬達，全都稱為**線性馬達**。依照推力產生方式，可以再分成線性感應馬達、線性同步馬達、線性直流馬達、線性步進馬達，不過產生推力的原理與旋轉式馬達是一樣的。

■線性馬達由動子與定子組成。以線性馬達車為例，動子在日文也叫做「車上側」。由於線性馬達不會旋轉，不需要軸承，所以馬達部分可以做得比旋轉式馬達還要小。

■不過，因為無法使用減速裝置，所以一般情況下會產生較大的推力。除了鐵路車廂之外，也可應用在許多領域的機械上，譬如各種產業機械、工作機械、家電（電動刮鬍刀）、相機的自動對焦單元等。

動子（mover）…線性馬達的可動部分，可對應到轉動式馬達的轉子。
減速裝置（reducer, reduction gear）…由齒輪等零件減少轉速再輸出的裝置。

車輪式線性馬達車

■ **車輪式線性馬達車**中，將相當於感應馬達的**轉子**的部分攤開成直線狀，配置在地面上，成為**線性感應馬達**。

■ 線性馬達的**動子**，相當於旋轉式馬達的**定子**。這個部分也叫做**車上線圈**。

■ 線性馬達的**定子**，相當於旋轉式馬達的轉子。這個部分也叫做**反應板**。

車輪式線性馬達車

Linear地下鐵

■ 現在已有許多地下鐵使用線性馬達驅動（**Linear地下鐵**）。

■ 使用線性馬達，就不需要在車廂地板下預留空間給馬達，可使用較小的車輪。這樣可以縮小隧道的截面積，簡化隧道工程並節省成本，而且線性馬達不需考慮車輪與軌道間的摩擦力，故可規劃急轉彎或陡坡路線，在經濟層面與性能層面上皆有優勢。

■ 事實上，一般鐵道車輛是靠著車輪與鐵軌的接觸面所產生的摩擦獲得推力。因此，馬達力量再強，當車輪與鐵軌的摩擦超過一定程度時，車輪就會空轉，這會限制列車的爬坡性能。

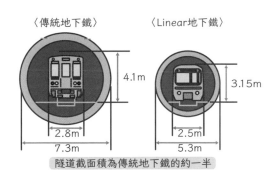

比較過去的地下鐵與 Linear 地下鐵的車體大小

磁浮式線性馬達車

■ **磁浮式線性馬達車**以磁力使車體上浮，再用線性馬達驅動車輛行駛。為了讓大型列車高速行駛，需使用超導線圈，並通以大電流。

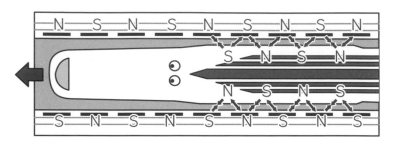

磁浮式線性馬達車

■ 車輛的超導線圈中，磁極的N極與S極會迅速切換。位於地面側壁的推進線圈在通以交流電時可產生磁極，使其與車輛間產生吸力與斥力，推動車輛。

■ 當列車上的超導磁石快速通過時，可產生電磁感應，使地面上的上浮用線圈產生電流。這個感應電流所產生的磁極，與超導線圈之間會產生吸力與斥力，讓列車上浮。

車上的超導線圈與側壁的地上線圈間的磁力作用，可產生對列車的推進力與上浮力！

■ 調整前進方向時，使用的原理與上浮類似。當車輛偏離中心時，遠離車輛的一側會產生吸力，靠近車輛的一側則會產生斥力，使車輛一直保持在軌道中央。

即使位置偏掉，也可以藉由磁力回到中間！

三個原理

BEV（Battery Electric Vehicle）…**電池式電動車**。為電池充電，僅靠馬達前進的汽車。
HEV（Hybrid Electric Vehicle）…**油電混合車**。除了馬達以外，還有搭載引擎，以兩種動力前進的汽車。

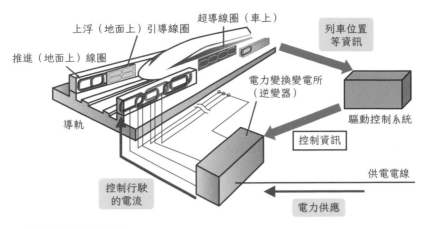

上浮（地面上）引導線圈　超導線圈（車上）

推進（地面上）線圈

列車位置
等資訊

電力變換變電所
（逆變器）

導軌

驅動控制系統

控制資訊

控制行駛
的電流

供電電線

電力供應

磁浮式線性馬達車的運作機制

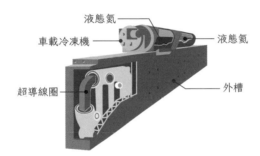

液態氦

車載冷凍機

液態氦

超導線圈

外槽

磁浮式線性馬達的車上線圈結構

■超導線圈需以液態氦冷卻，隨時保持在-269℃的溫度。

■磁浮式線性馬達的一個問題是「要如何供應電力給車輛」。結構上無法以集電弓供電，車輛浮在軌道上，所以也無法把軌道當成電線來供應電力。當初設計磁浮列車時，有考慮讓列車搭載燃氣渦輪發電機。

■現在的磁浮列車則會使用**無線供電**技術，與智慧型手機的無線充電原理相同。這樣也可以順帶供應照明、空調的電力給行駛中車輛。

PHEV（Plug-in Hybrid Electric Vehicle）…可由外部為電池充電的油電混合車。
FCV（Fuel Cell Vehicle）…以燃料電池的電力行駛的汽車。

電動車

～運用電力電子原理開發出的電動車～

電動車共通的電力電子元件

■各種**電動車**（BEV、HEV、PHEV）共通的零件包括電池、PCU、馬達。

■PCU是電力電子機器的單元。

■除此之外，BEV、PHEV還需要充電器。

■PHEV、HEV還需要引擎。

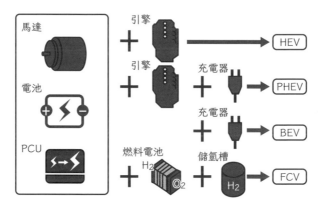

電動車共通的電力電子元件

■電動車的PCU內，包含了所有必要的電力電子機器（逆變器、DC-DC變換器等）。

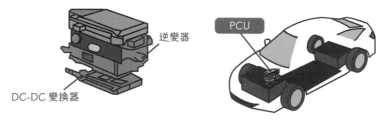

PCU

PCU（Power Control Unit）…汽車電力控制單元，位於逆變器內部。汽車控制單元叫做ECU（Electronic Control Unit），不過這只是因為它可以控制電力才這個稱呼，並不是正式名稱。

■電動車的逆變器、馬達、齒輪部分稱為**動力傳動系**。

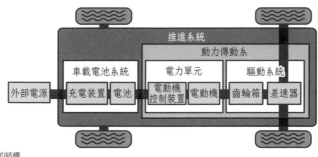

電動車的結構

電動車的電力結構

■電動車的電力結構如下圖所示。

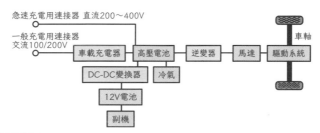

電動車的電力結構（BEU）

電動車的行駛馬達

■一般小客車電動車在正常行駛時，馬達輸出為80～100kW左右。

■人們對電動車在行駛時的要求與引擎車類似。爬坡時馬達需要較大的轉矩產生推力，抵抗車子下落的力。另外，高速行駛時，需要的轉矩比較小，馬達卻得高速旋轉。若希望可以用同一個馬達達成這兩項任務，這個馬達必須有很廣的轉矩與轉速範圍，能量轉換效率也要高。

推進系統（propulsion system）…包含了馬達、逆變器、齒輪的整個汽車推進系統。是JIS的用語。
副機（auxiliary equipment）…**主機**（引擎）以外的附屬機器。

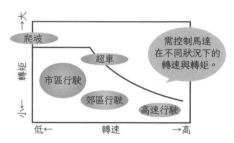

馬達行駛時的轉矩與轉速

為電動車充電

■電動車充電機制如右圖所示。

■一般充電是用家用插座充電，日本的電壓為100V或200V，可用車載充電器慢慢充電。這也叫做AC方式。

■急速充電則是使用專用充電站的地上充電器，直接接上電動車電池，以直流電充電。急速充電下，能以大電流充電，故可在短時間內完成充電，也叫做DC方式。

■一般充電使用的是家用插座，以日本的100V為例，最大電流為15A。因此充電功率為100×15＝1500W，一小時可充電1.5kWh的能量。若電動車電池的容量為15kWh，就需要10小時才能充滿電。

■相對的，急速充電能以200V、125A的直流電充電，功率為25kW。故只要6分鐘就可以充6kWh的電能，相當於15kWh電池容量的40%。

■不過，以急速充電充到快滿的話，可能會讓電池受損。所以一般會設定成充到80%左右就停止。

PFC（Power Factor Correction）…使交流電流的波形與電壓轉變成相位相同之正弦波的電力電子電路。波形正弦波時，功率因數（Power Factor）為1。

單相100V / 200V輸入　輸出3.3 kW

電路構成
單相整流電路
PFC電路
高頻逆變器
高頻變壓器
高頻整流電路

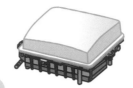

電流較小，
緩慢充電

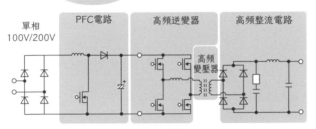

車載充電器

三相200V輸入　輸出30～50kW

電路構成
PWM變換器
高頻逆變器
高頻變壓器
高頻整流電路

電流較大，
可在短時間
充飽電！

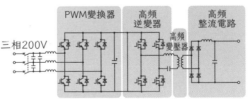

地上充電器

車載充電器與急速充電器

電池與馬達

■電池的重量與性能會大幅影響到電動車的性能。此外，馬達也會大幅影響電動車性能。讓我們試著考慮以下幾種情況，看看電池與馬達的影響。

電動車的規格

- 電池以外的車體重量600kg
- 搭載電池20kWh
- 電池能量密度50Wh/kg
- 電池重量為400kg（故整個電動車的重量為1000kg）

行駛用馬達的性能

- 這部電動車以40km/h行駛時，馬達輸出為5kW
- 假設馬達效率為100%（輸出＝輸入）
- 馬達最大輸出為10kW

行駛性能

假設保持40kW/h的速度行駛時，可以前進的距離叫做續航距離，因為20(kWh) / 5(kW)＝4(h)，所以可行駛4小時，續航距離為160km。這裡我們假設汽車行駛時消耗的能量 U，與車輛重量 m 及速度 v 的乘積成正比。

$$U \propto mv$$

另外，馬達最大輸出為10kW。假設速度與馬達輸出成正比，那麼最快速度就是80km/h。

情況1　**搭載電池變為兩倍時**

電池變為兩倍後為40kWh、800kg。此時，汽車整體重量為1400kg。汽車行駛時消耗能量與重量成正比，故當以40km/h行駛時，馬達輸出為5×(1400/1000)＝7kW。因此，續航時間為40/7＝5.7(h)，續航距離增為40×5.7＝228(km)。另一方面，馬達最大輸出為10kW，最快速度降為40×(10/7)＝57(km/h)。

也就是說，電池增為兩倍時，重量也跟著增加，所以續航距離僅增為原本的1.4倍，最快速度則降至原本的1/1.4。

情況2　**電池性能變為兩倍時**

假設電池改良後，能量密度變為兩倍的100(Wh/kg)。此時20kWh電池的重量降為200kg。此時全車重量為600＋200＝800kg。若要以40km/h的速度行駛，馬達應有輸出可降為5×(800/1000)＝4(kW)。

這表示續航時間、距離可分別增加到5小時、200km。最快速度可增加到100km/h。

也就是說，電池性能倍增時，汽車的所有性能皆可變為原來的1.25倍。

情況3　**在情況1下，保持最快速度時**

情況1可拉長續航距離，最快速度卻會降低。假設我們提高馬達輸出，保持汽車的性能。此時，為了以80km/h的最快速度行駛，需增加馬達輸出以應付重量增加，故馬達的最大輸出需提升到14kW。也就是說，馬達輸出量需與車重成正比增加。

提升馬達輸出時，馬達重量也會等比例增加。不過一般馬達重量約只有10kg，故幾乎不需考慮馬達重量對全車重量的影響。

電動冷凍車

■冷凍卡車是貨艙為冷凍庫（冷藏庫）的卡車，車上的冷凍機會用壓縮機來冷卻貨艙。

■過去的冷凍卡車會使用引擎來驅動壓縮機。當冷凍與行駛共用同一個引擎時，即使卡車停下來，引擎仍需持續運轉，以保持冷凍機的運轉。而且，當汽車在高速公路上行駛時，引擎會快速運轉，使壓縮機也不得不快速運轉。所以有些車種會另外安裝一個副引擎，專門用來驅動冷凍機。

■相較於此，現在某些冷凍卡車會搭載大型電池，以馬達驅動冷凍機，屬於**電動冷凍卡車**。電動化之後，冷凍庫內的溫度變化變小，冷凍／冷藏的產品就不易劣化。為電池充電時需要運轉引擎，不過在停車時如果能外接插座充電，就算引擎長時間靜止，也能保持冷凍機運作。

■另外，油電混合卡車在行駛時，也可以用電池電力來驅動冷凍機。

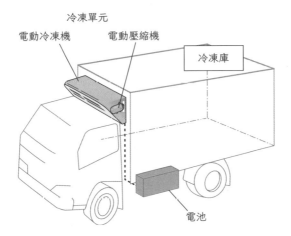

冷凍單元

電動冷凍機　　電動壓縮機

冷凍庫

電池

電動冷凍卡車

交通工具與電力電子學　電動車

8-5

油電混合車
～減少能量浪費的運作機制～

油電混合車（HEV）

■**油電混合車**（HEV）同時搭載了引擎與馬達。

■其中，**並聯式油電混合車**中，引擎與馬達的輸出接與傳動軸相連，故汽車可單靠引擎或單靠馬達前進，也可以同時使用兩者產生的轉矩，迅速加速。

■**串聯式油電混和車**中，由引擎驅動發電機，供應電池電力，再以電池驅動馬達。

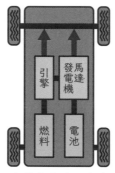

並聯式油電混合車

串聯式油電混合車

油電混合車的結構

並聯式油電混合車

■並聯式油電混合車的引擎、馬達皆有連接到傳動軸。

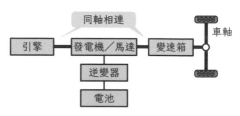

並聯式油電混合車的結構

⊑⊐ 串聯式油電混合車

■串聯式油電混合車的引擎僅用於驅動發電機，故可配置在任何地方。

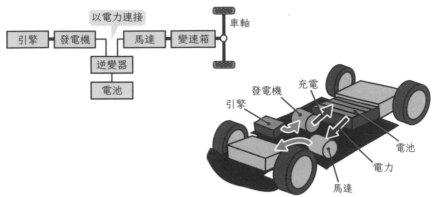

串聯式油電混合車的結構

⊑⊐ 串並聯式油電混合車

■**串並聯式油電混合車**（**雙馬達式油電混合車**）中，引擎、馬達、發電機有多種可能的組合方式。

・僅用馬達行駛（如一般電動車）
・以馬達行駛的同時，以引擎發電
・僅用引擎行駛
・同時用馬達及引擎行駛

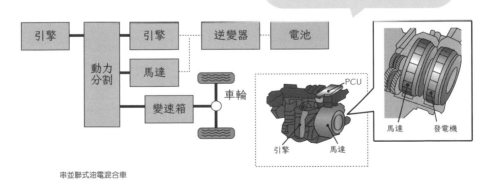

串並聯式油電混合車

交通工具與電力電子學　油電混合車

蒸發器（evaporator）…冷氣中用來冷卻物體的熱交換器。可蒸發冷媒以吸熱，故叫做**蒸發器**。

⎓ 串並聯式油電混合車的雙向變換器

■**串並聯式油電混合車**中，需同時控制兩個馬達，分別是連接車軸的馬達，以及連接引擎的發電用馬達。

■電池電壓過高時，信賴度會降低，故一般為250V。
而馬達與發電機的逆變器輸入為650V的直流電。
如此一來，馬達、發電機可維持高電壓、低電流，提升運轉效率。

■兩者間的升壓、降壓由雙向變換器負責。

■**雙向變換器**是由升壓截波器與降壓截波器組合而成的電路。

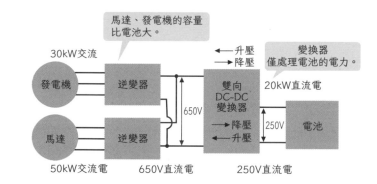

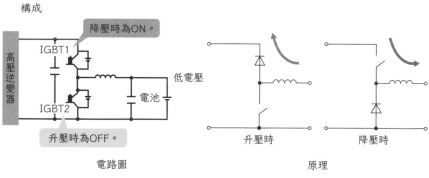

構成

電路圖　　　　　　　　　　　　　　原理

雙向變換器結構

....
冷凝器（condensor）…冷氣中用來放熱的熱交換器。可液化冷媒以放熱，故叫做**冷凝器**。

⟜ 電動車冷氣

■電動車或油電混合車會使用電動車冷氣。

■引擎車的引擎可透過皮帶驅動冷氣的壓縮機。不過如果用引擎驅動壓縮機的話,壓縮機的轉速會跟著引擎轉速改變。高速行駛時會太冷,慢速行駛時會不夠冷。而且,當引擎停下來時,冷氣也會跟著停下來。

■電動車沒有引擎,故需使用電動車冷氣。電動車冷氣用的是行駛用電池的電力,透過逆變器驅動壓縮機的馬達。與家用冷氣的運作機制類似。

■電動車冷氣以逆變器控制壓縮機,用的是電池電力,所以任何時候都可以調整溫度。

■因此,即使是有引擎的油電混合車,也多會使用電動車冷氣。

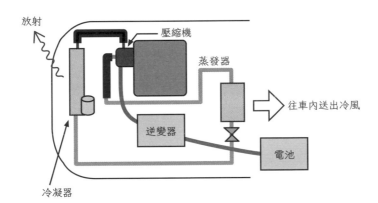

電動車冷氣的結構

電動車的暖氣

■引擎車的暖氣來自引擎產生的熱。因此，不需為了使用暖氣而燃燒多餘燃料。

■相對的，電動車沒有引擎，所以必須消耗電池電力，以電暖器吹出暖氣。暖氣會消耗電池電力，進而降低續行距離。

■另外，油電混合車有引擎，所以會用引擎產生的熱來吹出暖氣。

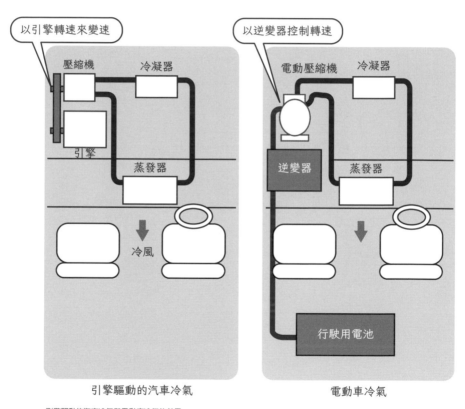

引擎驅動的汽車冷氣　　　　　　　　　電動車冷氣

引擎驅動的汽車冷氣與電動車冷氣的差異

⏚ 交流／直流競爭

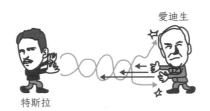

愛迪生

特斯拉

19世紀末有個著名的**交流／直流競爭**（**電流戰爭**）。這是一場爭論新建的美國發電廠要發交流電還是直流電的競爭。

此時，主張應發直流電的就是那位著名的愛迪生（Edison, T.A.，1847～1931）與GE（General Electric）公司，而主張應發交流電的則是特斯拉（Tesla, N.，1856～1943）與WH（Westinghouse Electric）公司。特斯拉的名字也是著名電動車廠牌的名稱由來。最後決定新發電廠應發交流電（新建的水力發電廠位於尼加拉瀑布，在美國與加拿大的交界處，可長距離輸送電力）。

之所以採用交流電，是因為交流電可減少長距離供電時的電力損失。而且即使電壓因為長距離供電而降低，也可以透過變壓器再次調高電壓。就是因為有這個優點，所以目前世界上的發電、電力輸送都是使用交流電。

引擎車的電力電子學
～汽車可以說是功率元件的結晶～

一部引擎車內會使用50～100個馬達，這些馬達多會搭配電力電子元件使用。

雨刷
（front／rear）
清洗泵
（front／rear）
後照鏡遙控
後照鏡收納

天窗

空氣清淨機
後車箱
天線
遮陽棚

燃料泵

水箱冷卻扇
冷凝器冷卻扇
怠速控制
空氣泵
水泵
真空泵

冷氣出風口
電動座椅
電動窗
門鎖
腰托
被動安全帶
巡航控制

各種地方
都會用到馬達喔

引擎車的電力電子機器

電動動力轉向

■以前人們用油壓產生動力轉向，在電動化以後，不只能提高油耗（提高能量運用效率），還能支援自動駕駛。

■動力轉向需要敏感的操作，所以在控制動力轉向馬達時，需透過精密的伺服控制系統。

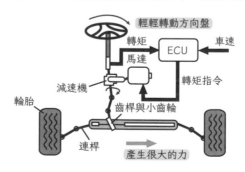

輕輕轉動方向盤

轉矩

ECU

車速

馬達

減速機

轉矩指令

輪胎

齒桿與小齒輪

連桿

產生很大的力

電動動力轉向

伺服控制（servo control）…依目標數值的變化進行控制的自動控制系統。

齒桿與小齒輪（rack and pinion）…齒輪的一種，可以將旋轉運動變換成直線運動。由名為pinion的小型圓形齒輪，以及平板有齒的棒狀齒桿組成。

■╦ 電力電子機器在汽車上的應用越來越廣泛

- ■汽車搭載的電力電子機器與日俱增。
- ■過去以機械方式驅動的零件，現在都替換成了電動零件。
  - ·電動化原本以皮帶驅動的機器
  - ·電動化煞車
  - ·主動懸吊系統
- ■對應怠速控制的電力電子機器也逐漸增加。
  - ·確保引擎停止時的電源
  - ·引擎再啟動
- ■各種自動化中，電力電子元件也扮演著重要角色。
  - ·電動滑門
  - ·電動座椅馬達
- ■自動駕駛（**安全駕駛支援汽車**）中，電力電子元件也扮演著重要角色。

自動駕駛

電力電子機器
發揮功用

■╦ 電動泵

- ■以前冷卻水用的水泵、潤滑油的油泵都是由引擎驅動，現在則已電動化，改用馬達驅動。

- ■採用電動泵後，即使是怠速中也能動作。不論引擎轉速為何，都可以調節冷卻水與油的流量。

- ■也就是說，引擎車也可以使用電動泵，並有以下優點。
  - ·提高引擎的油耗
  - ·裝設位置更為自由
  - ·不論引擎轉速為何，都可以控制流量。

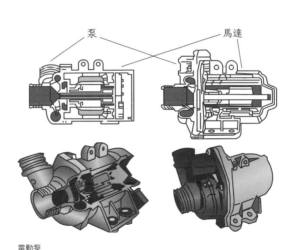

泵　　　　　　馬達

電動泵

油壓（hydraulic drive system）⋯用油的壓力傳導能量。在帕斯卡原理下可提升力量。

動力轉向（power steering）⋯輔助方向盤操作的動力轉向系統。

船與飛機
～未來將改以電力驅動～

電動船與電動飛機

電動船

■**電動船**是靠著引擎驅動發電機，再用馬達轉動螺旋槳。

■可節能、減少廢氣。還可以改變引擎配置位置，進而降低船內噪音。

■驅動大型船隻時，需要很大的輸出，故須使用5MW（＝5000kW）～30MW的馬達。

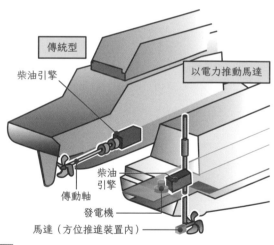

傳統型

柴油引擎

以電力推動馬達

柴油引擎

傳動軸

發電機

馬達（方位推進裝置內）

在方位推進裝置內可操控船舵

電動船的運作機制

方位推進裝置（azimuth thruster）…在可水平旋轉的繭型（pod）艙內裝有馬達與螺旋槳的推進裝置。

電動飛機

■世界各地正積極開發**電動飛機**，並以2040年實用化為目標。

■開發的目標為
①以電池電力驅動馬達飛行的小型飛機（與BEV方式相同）
②使用噴射引擎的混合動力中型飛機

■**噴射引擎混合動力**機包括以馬達輔助噴射引擎推力的並聯系統，以及以噴射引擎轉動發電機，再驅動馬達運轉飛行的串聯系統，與混合動力車的概念相同。

■另外，為了拉長飛行距離，未來可能在機體上搭載燃料電池（SOFC）的發電系統。

■電動飛機被認為可以大幅減少飛機產生的CO_2。

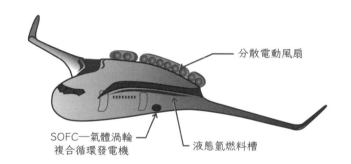

分散電動風扇

SOFC—氣體渦輪
複合循環發電機

液態氫燃料槽

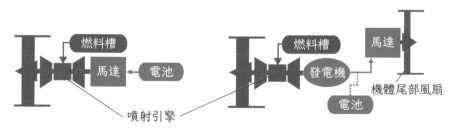

噴射引擎的混合動力機制

SOFC（Solid Oxide Fuel Cell）…**固態氧化物燃料電池**。發電效率高，利用高溫排熱來大量發電的電池。

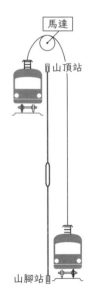

8-8

其他交通工具
～現今各種採用電力驅動的工具～

某些交通工具由電力驅動，馬達卻沒有裝在本體上。

地面纜車

■**地面纜車**的馬達裝在山頂，可將纜線往上捲，使線路上的車輛往上移動。

■控制馬達轉速，就可以調整纜車的前進速度。

■**空中纜車**也是以相同原理運作。捲動纜線以移動空中車廂。

馬達

山頂站

山腳站

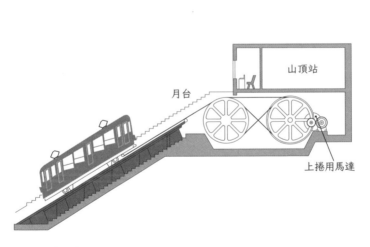

山頂站

月台

上捲用馬達

地面纜車

噴射引擎（jet engine）…使用燃氣渦輪燃燒氣體產生噴流（jet）與旋轉力的引擎。

各種電動車的發展

■包括電動代步車、電動輔助自行車、遊樂園的載人設施在內，實用化的電動車種類越來越多了。

■這些車輛的驅動系統（「電池」＋「逆變器」＋「交流馬達」）都與電池式的電動車相同，且技術逐年持續在進步。

超小型汽車

無人搬運車（AGV）

電動堆高機

電動機車

電動載貨車

自動地板清洗機

電動自行車

電動輪椅

樓梯升降機

電動車輛的發展

AGV（Automated Guided Vehicle）…**無人搬運車**。可自行運作的搬運車，在工業上有許多用途。

Where is the Energy Coming From !?!?!?

第 9 章　電力系統的電力電子學

頻率變換設備
～從 60 到 50、從 50 到 60～

頻率變換設備

- 東日本用的是50Hz交流電，西日本用的是60Hz交流電。兩者以富士川（靜岡縣）與糸魚川（新潟縣）為界。
- 為了讓東日本與西日本的電力能夠彼此傳輸，在日本國內三個地方設有**頻率變換設備**。
- 舉例來說，九州的太陽能發電廠發出來的電經過頻率變換設備後，可以讓東京使用。
- 為了防止大規模災害，日本目前正在加強頻率變換設備。另外也新設了飛驒信濃頻率變換設備（於2021年啟用）。

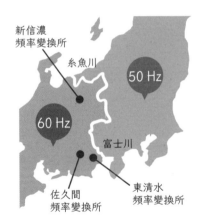

頻率變換設備

| 合計約為一個核能電廠 |

佐久間頻率變換所：30萬kW
新信濃頻率變換所：60萬kW
東清水頻率變換所：30萬kW

頻率的分界與頻率變換設備

頻率變換設備的電力電子元件

- 頻率變換設備會將交流電變成直流電,再透過逆變器變回交流電,以得到想要的輸出頻率。
- 也就是說,頻率變換設備必須能雙向變換電力,順序為交流→直流→交流。
- 另外,需要的逆變器容量相當大,所以要用到閘流體等電力電子元件。

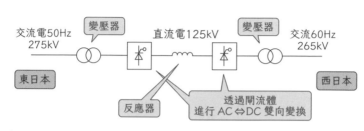

頻率變換設備的運作機制

東海道新幹線的頻率變換設備

- 東海道新幹線全線使用60Hz的交流電。不過從靜岡到東京,使用的是50Hz電力,所以須在幾個地方設置頻率變換設備,供新幹線專用。
- 東海道新幹線的頻率變換設備可以將50Hz電力變換成60Hz,再將電力透過架空線供應給新幹線。
- 相對地,北陸新幹線也會在50Hz與60Hz電力的地區行駛,所以車上的電力電子元件也設計成了可適用50Hz電力,也能適用60Hz電力。

反應器(reactor)…電力用線圈。線圈的電抗與頻率成正比,不過電力系統的頻率固定,故電抗可以視為固定值。這裡不用電感這個字,而是使用電抗。電力系統的線圈相當於電抗(reactance),所以叫做反應器(reactor)。

無效電力調整
～支撐供電的機制～

電力系統的穩定化

■如同我們在2-9節（第56頁）中說的，交流電除了實際消耗的有效電力之外，也包括了無效電力。無效電力顧名思義就是無效的電力，但事實上，無效電力並非越小越好，反而一定程度的無效電力有其存在的必要。

■無效電力的功能如下。
　①調整電壓：電力系統中，電力由許多發電廠供應，而家用太陽能發電也可看成是一個發電廠。每個發電廠的電壓並非完全相同，也不一定與電力系統相同。如果發電廠的電壓比電力系統高，發電廠可加入一些無效電力，降低電壓。相反地，吸收無效電力的話，就可以讓電壓升高。為了讓每個發電廠都能用最好的效率運轉，需要用無效電力調整電壓。
　②電壓的穩定化：電力系統的電壓並非一直保持固定不變。電力用量大，電壓就會下降；電力用量減小時，電壓就會回升。不過，要微調發電廠的瞬間發電量並非容易的事。因此，一般會以無效電力迅速調整電壓，以抑制電壓的變動。

■要進行**無效電力調整**，需注入與目前電流相位不同的電流。也就是說，可以透過注入**超前電流**來提升電壓，或者注入**延遲電流**來降低電壓。另外，供應超前電流時，需連接電容；供應延遲電流時，需連接線圈。另外，電力用線圈叫做**反應器**，這個裝置叫做**SVC**。

■SVC用的是**閘流體開關**，這是可以切換電流ON／OFF的電力電子元件。因為使用的是交流電，所以會用兩個閘流體以反並聯的方式連接。只要控制閘流體，就可以控制電流大小。

■電力電子元件出現以前，人們需使用發電機製造出無效電力。在電力電子元件出現後，可迅速注入必要的無效電力。

SVC（Stativ Var Compensator）…**靜止型無效電力補償裝置**。在電力電子元件出現以前，會使用「同步相位補償器」發出無效電力，這是會轉動的機器，而SVC則是靜止的，故稱為靜止型。

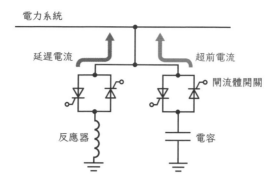

延遲電流　　　　　　　超前電流

電力系統

閘流體開關

反應器　　　　　電容

SVC 電路

STATCOM

■逆變器也可以製造出無效電力，不需要電容與反應器。只要檢出電力系統的電壓、電流、相位差，就可以知道需要怎麼樣的無效電力。接著只要控制逆變器的輸出，發出需要的無效電力就可以了。

■逆變器可以用來產生無效電力。而當我們希望電流有必要的相位時，就必須微調瞬間電壓。這也可以透過控制逆變器輕鬆完成。所以只要使用逆變器，就能迅速且精準地調整無效電力。這種利用逆變器來調整無效電力的方式，叫做**STATCOM**。

■使用STATCOM，即使因為諧波使波形紊亂，也能使其恢復成正弦波。

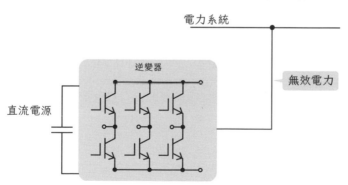

電力系統

逆變器

直流電源

無效電力

STATCOM 電路

STATCOM（STATic synchronous COMpensator）…使用逆變器的SVC。

諧波
～畸變波的原因～

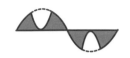

什麼是諧波

■當波形不是正弦波（**畸變波**）時，就表示該波包含了基頻（譬如50Hz／60Hz）的「整數倍頻率」成分。在描述電流與電壓時，這些成分稱為**諧波**。

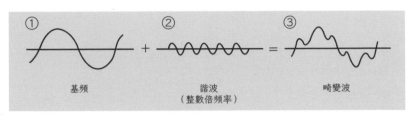

① 基頻　+　② 諧波（整數倍頻率）　=　③ 畸變波

畸變波

■畸變波的波形可以想成是基頻波與諧波的合成波。

■通過整流電路的電流並非正弦波，而是畸變波，所以輸入電力電子元件的波形通常包含了頻率為基頻波5倍、7倍、11倍……的諧波。

整流電路產生諧波的示意圖

■整流電路的電流呈脈衝波狀（方波）。
■因此，存在「明明有電壓，卻沒有電流」的期間，如下圖所示。這個部分會成為諧波電流，在系統內流動。
■只要讓波形與諧波電流相同、相位相反的電流通過，就可以抵銷諧波。

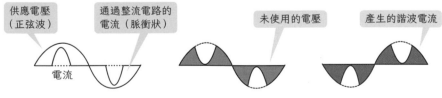

供應電壓（正弦波）　通過整流電路的電流（脈衝狀）　未使用的電壓　產生的諧波電流

電流

產生諧波的示意圖

⊏⊐ 主動濾波器

- **主動濾波器**是一種逆變器,可以檢出由逆變器、整流電路產生的諧波,再輸入與這些諧波相位相反的電流,與原本的諧波抵銷。
- 作為主動濾波器使用的逆變器僅會輸出諧波。
- STATCOM也是主動濾波器的一種。
- 經主動濾波器調整後,可讓PWM逆變器輸出正弦波。

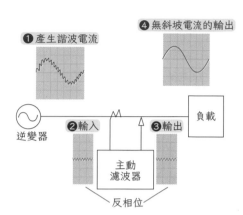

主動濾波器

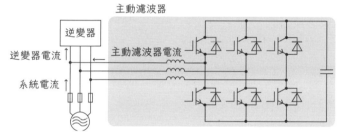

為主動濾波器追加個別逆變器時

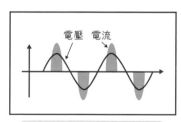

含有諧波電流的電壓電流波形

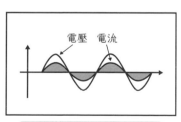

以主動濾波器控制諧波的波形

主動濾波器的電流波形

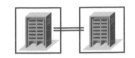
直流供電
〜海底電纜是直流供電〜

▇─○ 海底供電

■本州與四國、本州與北海道間，可透過**海底電纜**進行**海底供電**。

■海水本身擁有電容率，故海底電纜可視為巨大電容。也就是說，電纜的芯線與海底（地球）之間有「電容」的效果，有一定的電容量。供電距離越長，電纜就越長，靜電容量也越大。

■交流電可通過電容，電纜的電容量越大，就會有越大的電流通過。此外，交流電也會產生各式各樣的現象，這些現象合稱**交流損失**。

■因此，海底供電會使用直流電。供電方會先將交流電轉換成直流電，受電方再將其轉換回交流電。

■為了能雙向傳輸電力，需設置能雙向轉換電力的逆變器與變換器。

北海道－本州（北本連線）
60萬kW

本州－四國（紀伊水道直流連線）
140萬kW

日本主要的海底電纜

⊶ HVDC

- 日本以外的地方，將直流供電稱為**HVDC**。
- HVDC可高效率長距離供電。另外，三相交流電需要三條電纜，不過直流供電只需要兩條電纜。
- 第211頁的交流／直流競爭專欄中，愛迪生主張的直流電優點，大致上就是HVDC的優點。拜愛迪生時代還不存在的電力電子元件所賜，現在的我們可以將直流電的電壓升得相當高，實現HVDC。
- 傳送相同的電力時，HVDC的電壓會小於交流電電壓的最大值。另外，HVDC供電線不會有電抗（電感）的影響，相對的，供電線的電阻是電力（功率）減少的原因。海底供電也不會產生巨大的交流損失。
- 在日本以外的地方，會在海洋上進行風力發電，再將電力送到陸地。這種從海洋到陸地的供電，或者大陸間的長距離供電，都是使用HVDC方式。目前已有400km的海底供電，以及1700km的陸地供電。
- 直流電的用途越來越多，譬如電動車或大規模資料中心的電腦等。除了長距離供電之外，未來可能會直接以HVDC方式，以直流電供應這些用電。

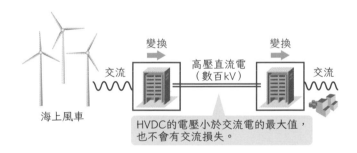

HVDC 的運作機制

HVDC（High Voltage, Direct Current）…**高壓直流供電**。參考正文。

風力發電
～蒐集風力～

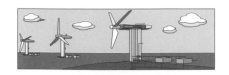

風力發電的方式有很多種，每種方式使用的電力電子技術也各有不同。

大型風力發電機

- 大型風力發電機會使用**螺旋槳型風車**。這種風車的支撐塔上有個叫做**短艙**的艙室。
- 短艙內有增速器與發電機本體。
- 風車的轉速慢，需透過增速器提高轉速，以驅動發電機。
- 另外，依照旋轉情況，可將風車分成**定速風車**與**可變速風車**。另外，依照電力電子操控方式，可以分成**AC連接方式**與**DC連接方式**。

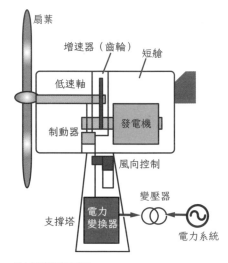

風力發電機的運作機制

定速風車（AC連接方式）

- 定速風車（AC連接）使用感應發電機。可透過改變螺旋槳角度，控制風車轉速固定。
- 因為是AC連接，故風車發的交流電可直接供應電力系統，為其一大優點。
- 為了順利接上電力系統，需使用閘流體變換器。

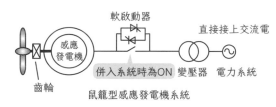

鼠籠型感應發電機系統

定速風車（AC連接方式）的運作機制

鼠籠繞組（squirrel cage winding）…感應馬達的轉子導體。參考第6章。

軟啟動器（soft starter）…**系統併入裝置**。感應發電機連接電力系統時，使電壓逐漸上升，防止過多電流通過的裝置。

可變速風車（AC連接）

■ 可變速風車（AC連接）中，
會使用繞線轉子感應發電機與
小型逆變器。以逆電器控制繞
線轉子感應馬達的轉子電流，
再供應至外部。

■ 就這樣，即使風車轉速因風速
而改變，只要調整轉子電流的
頻率（**轉差頻率**），就可以保
證發電頻率固定。風車發電的
電力可直接供應電力系統，為其一大優點。

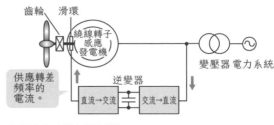

可變速風車（AC連接）的運作機制

可變速風車（DC連接）

■ 可變速風車（DC連接）中，
會先轉換成直流電，再透過逆
變器轉換成電力系統的頻率，
以避免當風車轉速改變時，發
電頻率跟著改變。也就是會依
照變動頻率的交流電→直流電
→電力頻率的方式，二度變換
電力。

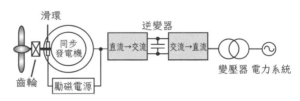

可變速風車（DC連接）的運作機制

■ 也就是說，使用高效率的永磁同步發電機，可將產生的電力全部轉換成直流電，再透過
逆變器轉換成電力系統的頻率。

■ 在使用逆變器的條件下，即使風車轉速大幅改變，也能正常供應電力，是其一大特長。

無齒輪方式

■ 若使用永磁同步發電機，在低轉速的情況下也可以發電，故不需要增速器，叫做**無齒輪
方式**。

繞線轉子感應發電機（wound-rotor induction generator）…轉子導體以繞線（線圈）構成的感應發電機。
這個線圈外部接上可變電阻後，便可調節二次電阻（轉子繞線的電阻）。

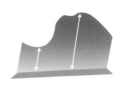
調整電力需求
～為了蓄積電力而下的工夫～

抽蓄發電

■ **抽蓄發電**會利用位於發電廠上方與下方的水池調整發電。當電力需較多時，讓水從上池流至下池進行發電。

■ 當電力需求減少時，會讓水車反向旋轉，使其做為水泵，將水抽到上池，用於下一次發電。

■ 也就是說，不只是利用水發電，也可以用水「蓄電」。

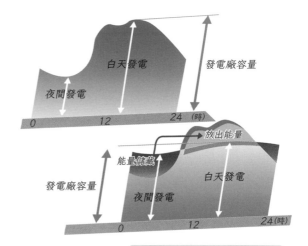

抽蓄發電可以依照
電力的需求與供給而調整。

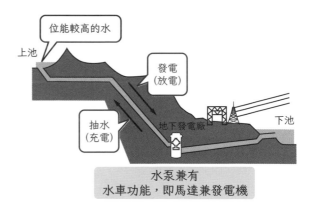

水泵兼有
水車功能，即馬達兼發電機

抽蓄發電的運作機制

滑環（slip ring）…為導通轉子與外部的電流，套在轉軸上的環狀電極。能與固定住的電刷彼此滑動，讓電流通過。與整流子（參考6-4節，第140頁）不同，不會切換電流方向。

可變速抽蓄發電

- ■抽蓄發電會在電力需求量較低的夜間，利用火力發電廠、核能發電廠的電力抽水，到了電力需求量較高的白天，再用這些水來發電，故抽水有蓄電的功能。近年來，發電廠可以在幾分鐘之內切換抽水與發電，故可迅速對應風力發電、太陽能發電的變動。
- ■**可變速抽蓄發電**為可控制發電機轉速的水力發電系統。相較之下，傳統抽蓄發電的發電機轉速則與抽水時的轉速相同。
- ■可變速抽蓄發電會使用逆變器控制發電機轉速。速度固定的抽蓄發電中，需供應直流電給發電機的磁場系統線圈。而可變速的抽蓄發電中，則是由逆變器輸出的交流電供應磁場系統線圈。這樣就可以控制發電機轉速了。
- ■可變速抽蓄發電的過程中，可以控制抽水時的水泵轉速，故可將多餘的電力用來抽水。另外，即使發電時的水車轉速改變，也可以透過控制逆變器，保持發電頻率固定。

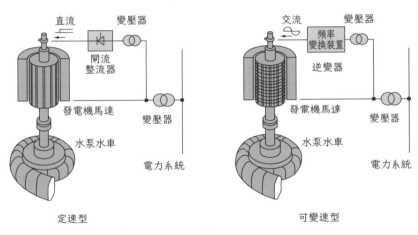

定速型　　　　　　　　　可變速型

抽蓄發電的結構

蓄電系統
～調整需求的王牌～

⚙ 大規模蓄電系統

■**大規模蓄電系統**是為了穩定電力系統需求,由電池組成的蓄電系統。主要包括NAS電池、氧化還原液流電池等。

■與一般電池相同,為了以直流電充放電,需要透過電力電子元件在AC/DC/AC之間變換。

■大規模蓄電系統的功能並非長期儲藏能量,目的僅在於調整短時間內的電力需求。

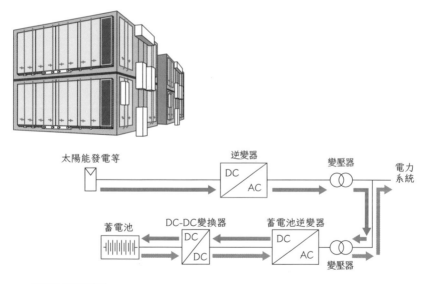

大規模蓄電系統示意圖

NAS電池(Sodium-Sulfur battery)…**鈉硫電池**。以鈉(Na)與硫(S)作為電極的電池。

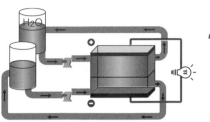

氧化還原液流電池需要液體槽與泵

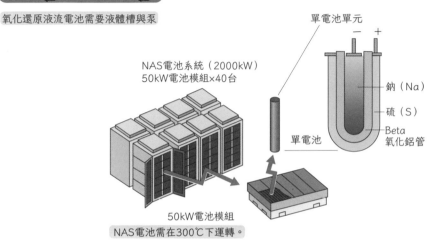

NAS電池系統（2000kW）
50kW電池模組×40台

單電池單元

鈉（Na）

硫（S）

Beta
氧化鋁管

單電池

50kW電池模組

NAS電池需在300℃下運轉。

氧化還原液流電池與 NAS 電池

電力系統與電力電子機器的整理

下表為電力系統中使用的電力電子機器用途整理

分類	用途
DC／AC 變換電力電子機器	燃料電池 太陽能發電 蓄電池 等
AC／DC／AC 變換電力電子機器	可變速風車 小型引擎發電機 直流供電 頻率變換 等

氧化還原液流電池（redox flow cell）…運用氧化還原反應（REduction Oxidation reaction）使溶液循環，
透過離子的移動進行充放電的電池。

That Makes SENSE...

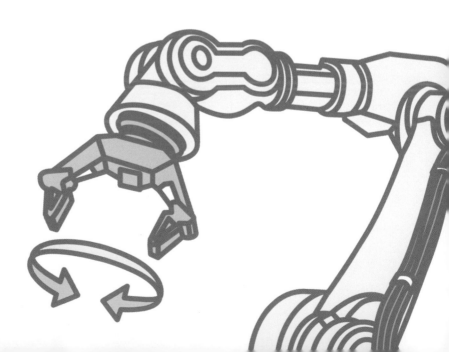

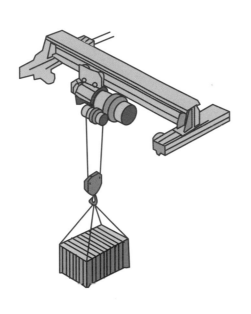

第10章 製造業的電力電子學

加熱的電力電子學
～有效率地運用熱能～

若要將電能轉換成熱能使用，需控制轉換過程。所以用電能為物體加熱時，電力電子元件為不可或缺的工具。

⊶ 電力加熱

■**電阻加熱**
以電流通過電阻時產生的焦耳熱來加熱。
■**感應加熱**
以電磁感應的渦電流所產生的焦耳熱來加熱。
■**高頻加熱（介電加熱）**
以絕緣體（介電質）的介電損失來加熱。
■**電弧加熱**
以電弧放電產生的熱來加熱。
■**電磁波加熱**
以紅外線、微波來加熱。

⊶ 電阻加熱

■**電阻加熱**時，需以電力電子元件控制加熱器的電流。

■**閘流體**可做為電力電子元件，調整交流電力。

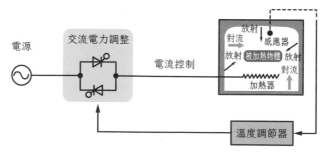

使用電阻加熱之加熱器的運作機制

高頻加熱（high frequency dielectric heating）…加熱絕緣體（介電質）的方法。施加高頻電壓時，可讓介電質內部的電極（正極與負極原子）振動發熱。

感應加熱

■**感應加熱**常用於金屬（導體）的加熱與熔化。

■為了產生較大的渦電流，需使用高頻逆變器。

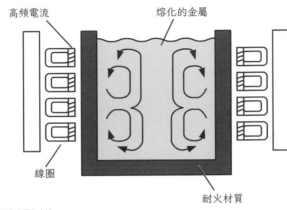

以感應加熱熔化金屬的方法

高頻加熱

■**高頻加熱**可用於加熱塑膠、橡膠等絕緣體（介電質）。

■需使用高頻逆變器。

■因為是運用介電質的介電損失來加熱，所以也叫做**介電加熱**。

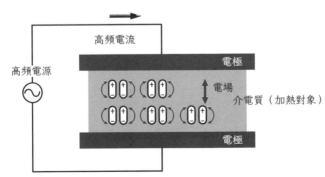

高頻加熱機制

🔲─○ 電弧加熱

- ■廢鐵熔爐等裝置會用到**電弧加熱**。

- ■電弧放電需以電力電子元件控制電流（與**電弧焊接**的原理相同）。

- ■電弧焊接需以逆變器控制直流的電弧放電電流。

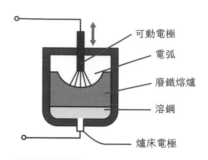

廢鐵熔爐的運作機制

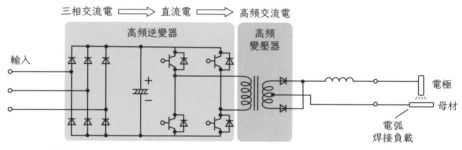

電弧焊接的電力電子電路

- ■**交流焊接**時，需以逆變器控制交流電的電弧放電電流。

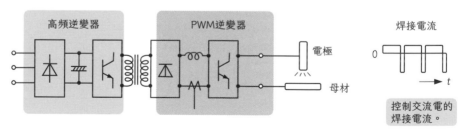

交流焊接的電力電子電路

電弧加熱（arc heating）…電弧放電可產生高溫（數千℃）使物質轉變成電漿。這種高溫可用來焊接金屬，稱為**電弧焊接**。

電磁波加熱（radiative heating, microwave heating, radiowave heating）…參考正文。

電磁波加熱

■**電磁波加熱**是以電磁波為對象物體的表面分子加熱。

■電磁波加熱用的紅外線或雷射等光源的電源,需以電力電子電路控制。

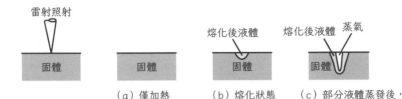

(a)僅加熱　　(b)熔化狀態　　(c)部分液體蒸發後,
　　　　　　　　　　　　　　　　　　其餘液體會被往內推
　　　　　　　　　　　　　　　　　　(切斷物體)

雷射加熱的機制

工業用烘箱

■**工業用烘箱**運轉時,需以電力電子元件控制加熱器的電流與風扇轉速。

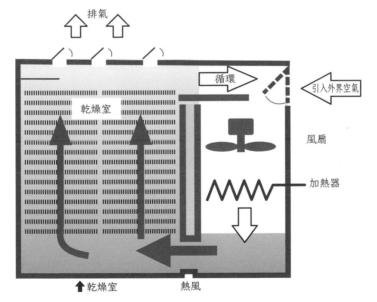

工業用烘箱的運作機制

「創造」與「削減」的電力電子學
～細微調整就交給它～

工廠可以創造出新物品，並削切物品的形狀。在這過程中需要用到電力電子元件。

電流化學效應的應用

■ **電流化學效應**源於物質間的電子移動。我們可以利用這個效應來合成物質，譬如**電鍍**、**精鍊**、**電解**等。這些過程都需用到電力電子元件。

■ 舉例來說，銅的精鍊需要正確的電壓，故需要以電力電子元件來控制電壓。

　・電鍍時，得透過電流使物質析出，需精密地控制電流。
　・合成氫的時候也需控制電流。

■ 所以說，以**電化學**製作多種物品時，都會用到電力電子元件。

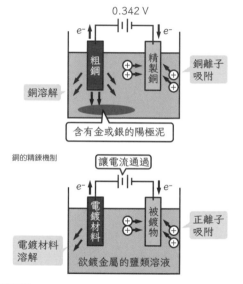

銅的精鍊機制

電鍍的機制

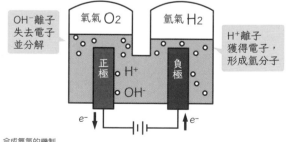

合成氫氣的機制

精鍊（refining）…去除金屬的雜質，提升金屬純度的過程。

電鍍（plating）…透過通電，使材料表面披覆金屬薄膜的過程。

射出成型

- 製造塑膠時，須將熔化的塑膠注入鑄模成型。若希望製作出形狀複雜的塑膠，在成型時就必須以很快的速度將熔化的塑膠注入鑄模（**射出**），否則注入途中就會凝固。
- 因此，操作員必須以伺服馬達精準控制塑膠射出的過程。

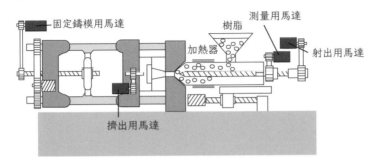

射出成型機的結構概念圖

拉伸

- 製造薄膜、薄片時，需將熔化的材料經滾筒壓薄拉長（**拉伸**），再往縱向橫向拉長（**二軸拉伸**），形成更薄的薄膜。
- 若沒有平均拉伸的話，薄膜容易裂開，所以一般會用伺服馬達控制。

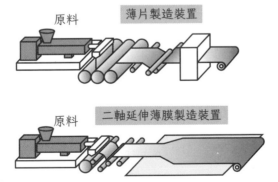

拉伸機制

▉⸺ 工作機械

- 對金屬等材料進行削切、研磨、彎曲等加工時，需要很高的精準度，故需要電力電子元件的協助。這些工作機械會用到伺服馬達。

- **伺服馬達**可以依照馬達的回饋，精準控制逆變器、馬達轉速、轉矩、位置等，是一組由驅動器與馬達組成的電力電子機器。

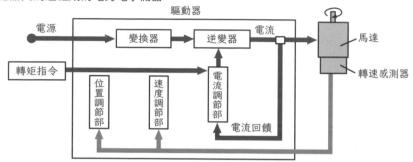

伺服馬達的運作機制

- 如下圖所示，機械加工的方法有很多種。這些加工方式都需靠電力電子元件控制。

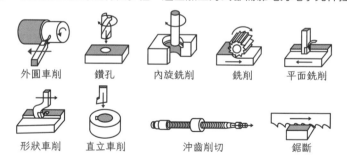

外圓車削　　鑽孔　　內旋銑削　　銑削　　平面銑削

形狀車削　　直立車削　　　沖齒削切　　　鋸斷

各種機械加工

- **車床**原理如右圖所示。以車床加工時，需讓欲加工物體旋轉，然後將工具（刀刃）靠上去，削切欲加工物體。

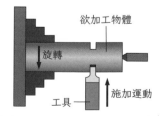

車床原理

驅動器（driver）…馬達、電力電子機器、控制裝置可組成馬達驅動系統。**馬達驅動系統**中，除了馬達以外的控制裝置則叫做驅動器。

車床（lathe）…使被削切物旋轉，再以固定的刀刃（刀具）削切的機械。

🔟 再生～以馬達運轉的機器之特徵～

　　以馬達旋轉之機器的**再生**，指的是旋轉中機器在減速時，動能轉換成電能回收利用的過程。

　　若自外部旋轉馬達轉軸，那麼馬達就會變成發電機，並產生制動力，達到節能效果。

　　在機械式制動中，動能會因為煞車器的摩擦生熱而轉變成動能，或者說動能會轉換成熱能散逸。

　　相對地，**再生制動**可讓交通工具的馬達作為發電機使用，產生與平時旋轉相反方向的轉矩，並將動能轉換成電能回收使用。

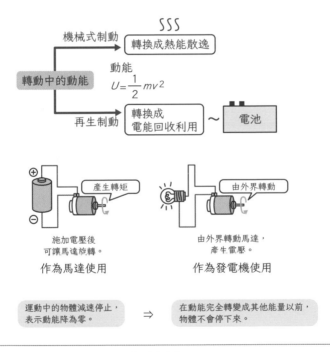

能量守恆定律!!

工廠自動化的電力電子學
～自動化的機制～

工業用機器人

■**工業用機器人**的結構如下圖所示。

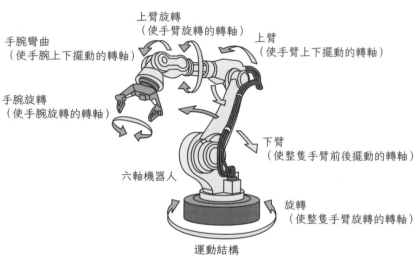

手腕彎曲
（使手腕上下擺動的轉軸）

上臂旋轉
（使手臂旋轉的轉軸）

上臂
（使手臂上下擺動的轉軸）

手腕旋轉
（使手腕旋轉的轉軸）

下臂
（使整隻手臂前後擺動的轉軸）

六軸機器人

旋轉
（使整隻手臂旋轉的轉軸）

運動結構

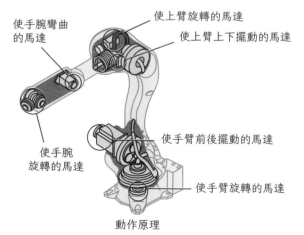

使手腕彎曲
的馬達

使上臂旋轉的馬達

使上臂上下擺動的馬達

使手腕
旋轉的馬達

使手臂前後擺動的馬達

使手臂旋轉的馬達

動作原理

工業用機器人（六軸機器人）的運作機制

搬運

■傳送帶等**搬運**用機械會用到多個伺服馬達來驅動。

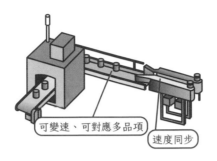

可變速、可對應多品項

速度同步

傳送帶

製鐵

■製造鋼板、鐵板時，需趁**熔鋼**（熔化的鋼）仍處於高溫時，使其通過滾筒間，拉伸成薄板（**軋製**）。軋製鋼板時需精密控制滾筒，故必須用逆變器控制多個滾筒旋轉。

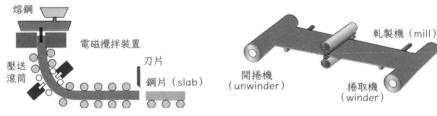

熔鋼

電磁攪拌裝置

壓送
滾筒

刀片

鋼片（slab）

軋製機（mill）

開捲機
（unwinder）

捲取機
（winder）

連續鑄造設備（左）與軋製設備（右）

工廠設備的電力電子學
～現在幾乎都是電動～

在工廠或倉庫內，一般會使用不產生廢氣的電動搬運車。

▇◦ 與搬運有關的電力電子元件

■**電動堆高機**以蓄電池提供電力，由逆變器控制感應馬達，帶動機體前進。另外還有個馬達用來驅動載貨用油壓泵。

電動堆高機

■**轉盤搬運車**等室內搬運車皆為電動，均以搭載的電池驅動馬達，帶動機體前進。

轉盤搬運車

■**AGV（無人搬運車）**是在室內使用的電動車。搭載電池，以馬達驅動，可遠端操控及自動駕駛。

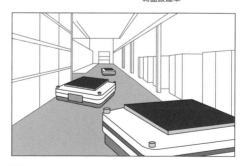

AGV

■**架空移動起重機**
需透過逆變器吊
起物體,並控制
移動用的馬達。

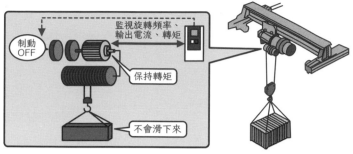

架空移動起重機的運作機制

風與水的電力電子元件

■工廠處理各種流體(空氣、氣體、液體)時,需使用電力電子元件。
　·製造高壓空氣或高壓氣體的**壓縮機**。
　·移動大量空氣的**風扇**、**鼓風機**。
　·移動水等液體的**泵**。

這些機器都需靠馬達帶動,並以逆變器控制。

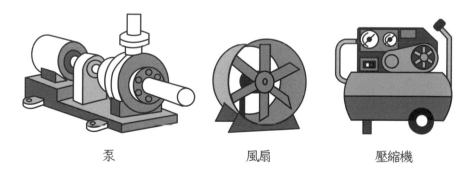

泵　　　　　　　　風扇　　　　　　　壓縮機

工廠內處理流體的機器

鼓風機(blower)…壓縮機中,壓力比在2以下者。(此為日本規定)
風扇(fan)…移動氣體,提高某區域氣壓的工具。壓力比在1.1以下。(此為日本規定)

Something
Somewhere.

第11章　社會生活的電力電子學

11-1

日常生活與電力電子學
～沒有電力的話就無法生活～

日常生活的電力電子學

■現在，一般家庭內已有數不清的逆變器。只要有用到馬達，幾乎都會使用逆變器。另外，除了馬達之外，IH電子鍋、微波爐也會用到逆變器。

■而包括電腦、電子機器在內的所有電源電路，也會用到DC-DC變換器。

社會生活的電力電子學

■即使離開家，周遭也有許多事物裝有電力電子機器。譬如電車、電梯上就裝有逆變器，以提高馬達效率。

■另外，電力的輸送、變換、控制、供應，以及電子機器的電源等，也會用到電力電子元件。

■現在，大部分消耗的電力都由電力電子機器控制。因此，電力電子學在節能上扮演著重要角色。

■除了節能之外，電力電子機器也陸續發展出了多種功能，創造出了新的產品。

生活周遭的各種電力電子元件應用

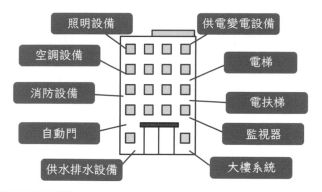

大樓內裝有各種電力電子機器

■—○ 大樓的電力設備

■一棟大樓內有許多電器設備，這些設備幾乎都會用到電力電子元件。設備大致上可以分成以下四種。

· 建築設備
· 電力設備
· 空調衛生設備
· 資訊通訊設備

■電梯、電扶梯、自動門等建築設備的馬達，需以逆變器控制。

■新大樓的照明大部分都是LED燈。每個LED燈都付有AC／DC變換器。

■緊急用蓄電池等電力設備在充放電時，需用到AC／DC／AC變換器。

■如果有太陽能發電、自家發電、熱電共生設備的話，這些設備都需裝設逆變器。

■冷氣、換氣送風單元等空調衛生設備，在逆變器的控制下可節能運轉。

■近年的新建大樓中，將自來水抽到高樓層用的水泵由逆變器控制。

■包括伺服器在內的大型電腦與資訊通訊設備，需設置專用的電源（AC／DC）設備。

■自來水的水壓只能使其上升到二樓，故三樓以上的樓層必須使用水泵。

■以逆變器進行的**直接加壓供水方式**，是目前的主流。

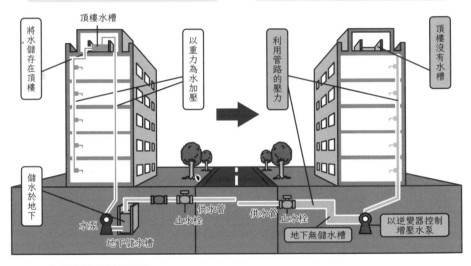

過去的供水方式	直接加壓供水方式
・在頂樓設置水槽儲水，以重力為水加壓。 ・只有將水打到頂樓水槽時需要用到水泵。	・直接與自來水管連接，依照水的用量控制水泵，保持水壓。 ・以逆變器控制水泵馬達。

頂樓水槽

將水儲存在頂樓

以重力為水加壓

利用管路的壓力

頂樓沒有水槽

儲水於地下

水泵

地下儲水槽

供水管　止水栓

供水管　止水栓

地下無儲水槽

以逆變器控制增壓水泵

比較傳統設備與電力電子設備

電梯

■**電梯**於頂樓機房設有馬達。馬達的轉動經減速器減速後，可捲起纜繩，拉起電梯。

■為了減少電梯移動或停止時的衝擊，並使電梯準確停在各樓層，需以逆變器控制馬達。

■另一方面，採用永磁同步馬達（PM馬達），不需設置頂樓的機房。

■因為不需要機房，故很適合設置在地下鐵的月台。

■而且，永磁同步馬達不需要減速機，可以直接驅動。

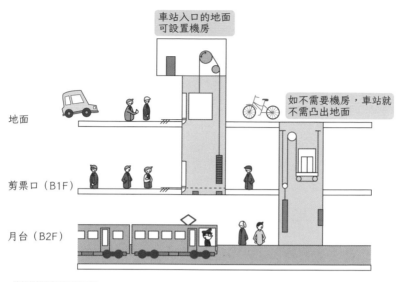

車站入口的地面
可設置機房

如不需要機房，車站就
不需凸出地面

地面

剪票口（B1F）

月台（B2F）

傳統電梯與無機房的電梯

電梯的控制

■高樓大廈使用的高速電梯，最快可達60km/h。這種高速電梯不只需要逆變器控制其運動，當電梯下降或停下來時，可將動能轉變成再生能源，回饋給電源。舉例來說，橫濱地標大廈就用逆變器—變換器系統，驅動120kW的感應馬達。

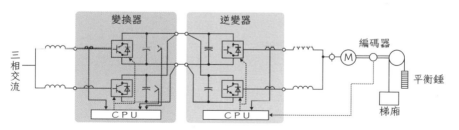

橫濱地標大廈的電梯電路
（馬達輸出120kW、轉速240min⁻¹、梯廂重量1600kg（24人）、電梯速度750m/min（＝45km/h））

■電梯之所以能夠平順地快速移動，是因為有逆變器精準控制馬達旋轉。

■也就是說，為了讓人們搭乘電梯時，不要因為加速減速而感到不舒服，需以電力電子元件控制電梯。

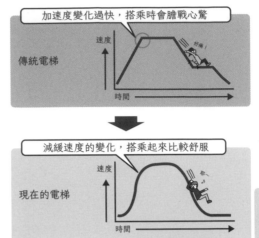

> 加速度變化過快，搭乘時會膽戰心驚

傳統電梯

> 減緩速度的變化，搭乘起來比較舒服

現在的電梯

要是沒有電力電子元件，就會突然加速或停下

電梯的進化

⊐ 電扶梯

■**電扶梯**為階梯狀的升降設備。踏階與驅動系統連結，由設置在地板下的馬達帶動驅動系統運轉。扶手也是由驅動系統帶動。

■通常電扶梯的運動速度為分速30m（時速1.8km）左右。因為有逆變器控制速度，故可減緩啟動或停下時的速度變化，減少對行人的衝擊。

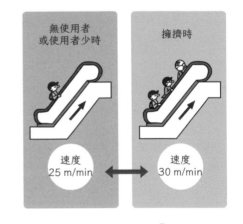

無使用者或使用者少時

擁擠時

速度 25 m/min

速度 30 m/min

■電扶梯還可透過感測器感測使用者。一般會設定無人使用時以超低速運轉（分速10m左右）。

■最近的電扶梯還可以依照使用者的多少，也就是搭乘人數的擁擠狀況，以逆變器切換電扶梯運轉速度。

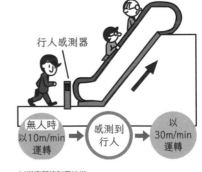

行人感測器

無人時以10m/min運轉 → 感測到行人 → 以30m/min運轉

以逆變器控制電扶梯

↗ 電動步道

■**電動步道**的原理與電扶梯相同,可將其想像成拉平後的電扶梯。

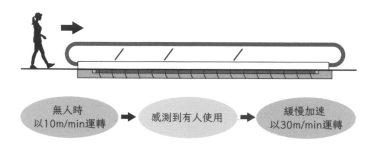

| 無人時
以10m/min運轉 | ➡ | 感測到有人使用 | ➡ | 緩慢加速
以30m/min運轉 |

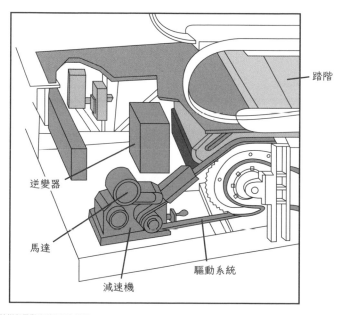

踏階

逆變器

馬達

減速機

驅動系統

電扶梯與電動步道的運作機制

社會生活的電力電子學　日常生活與電力電子學

自來水
～以電力電子學實現節能～

公共自來水設備

■ 公共自來水多會用水泵從取水口取水。

■ 以逆變器驅動**水泵**時，有節能功效。

控制水閥開啟程度以控制流量

水泵 100 水閥 90 用逆變器控制轉速 逆變器 水泵 以水泵轉速控制流量 90

逆變器

消耗能量大。即使
流量90%，也需要100%電力

消耗能量小。
流量90%時，僅需73%電力

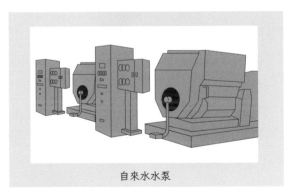

自來水水泵

導入逆變器，節省水泵用電的例子

從水廠到家庭

■將水送到各家庭時，需要許多水泵。

■水泵消耗的電力與轉速的三次方成正比。

■因此，轉速變為 $\frac{1}{2}$ 時，耗電量會變成 $\frac{1}{8}$。我們可以由必要的供水量調整水泵轉速。

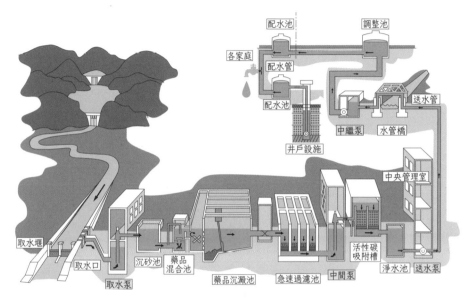

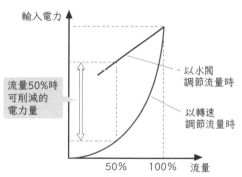

自來水設備概要與控制水泵轉速時可達到的節能效果

水泵的耗電量與轉速的
三次方成正比。

因此，當轉速變為 $\frac{1}{2}$ 時，
耗電量會變成 $\frac{1}{8}$。

天然氣、焚燒垃圾
～壓縮機與鼓風機～

天然氣設備

■從地底開採的天然氣，經壓縮機壓縮液化，可得到LNG（液化天然氣）。

■由液貨船搬運的LNG經泵送至陸地的LNG儲存槽儲存起來。

■LNG透過泵送至氣化器，轉變成氣態（瓦斯）。氣態天然瓦斯再經壓縮機升高壓力，成為家用天然氣，或者送到發電廠。中間可能會暫時儲存在天然氣儲存槽。

■過去，這些設備的泵、壓縮機等，幾乎都是靠渦輪驅動，現在則逐漸改以馬達驅動，並以逆變器控制。

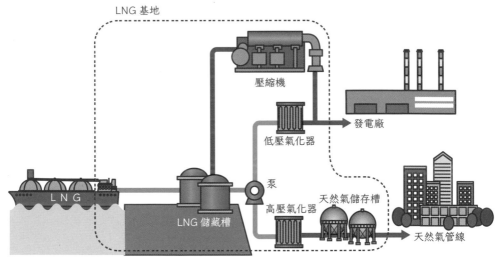

天然氣設備概要

垃圾焚燒設備

■垃圾焚燒設備中有大型送風機,機器內的進氣用鼓風機可提供燃燒用空氣,這個鼓風機需使用逆變器控制。

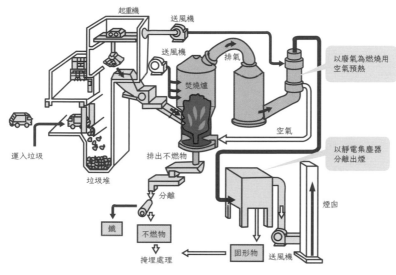

垃圾焚燒設備概要

■另外,燃燒垃圾產生的熱能可以用來發電

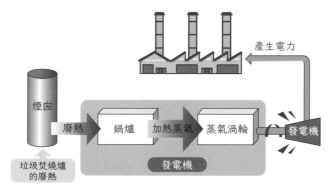

垃圾焚燒發電的運作機制

靜電集塵器(electrostatic precipitator)⋯運用靜電吸附捕捉氣體中粉塵微粒的機器。

區域供熱供冷系統
～實現熱電共生～

■**區域供熱供冷系統**會在一個地點集中製造冷熱水、蒸氣,並擁有特定管線,可365天24小時供應一定區域的冷暖氣、熱水。

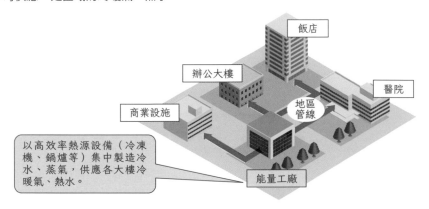

飯店

辦公大樓

醫院

商業設施

地區管線

以高效率熱源設備(冷凍機、鍋爐等)集中製造冷水、蒸氣,供應各大樓冷暖氣、熱水。

能量工廠

區域供熱供冷概要

■該系統的冷熱水由大型冷凍機(離心式冷機)製造。冷凍機、水泵皆以逆變器驅動。

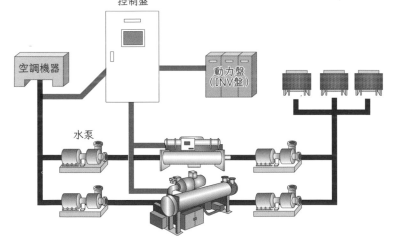

控制盤

空調機器

動力盤
(INV盤)

水泵

冷熱水系統

離心式冷機(centrifugal chiller)…使用離心式壓縮機的冷凍機。

- 以冷熱水製造冷暖氣時，需使用**風管機組**。風管機組由冷熱水的螺旋管路（熱交換器）與風扇組成，結構與冷氣機的室內機類似。

- 冷熱水會流過所有管路，所以無法只讓單一房間吹出冷暖氣（不過個別房間可以控制開關，或者調節風量大小）。因此，這種設備常見於商業設施或醫院。

⌾ 熱電共生

- 回收發電時產生的廢熱的機制，叫做**熱電共生**。驅動發電機的引擎或渦輪，會產生無法使用的廢熱排放至外界。若能用這些熱能製造蒸氣或熱水，就能進一步產生冷暖氣、供應熱水，或者作為工廠的熱源。

- 電力從遙遠的發電廠送到家裡時，會有供電損失。若能善用自家發電的熱電共生系統，就不會有這些損失，還可提高化石燃料轉換成電能的效率，也就是**綜合效率**（將燃料轉換成能量的轉換比例），更有效地利用化石燃料。還能回收利用發電廠不要的廢熱。

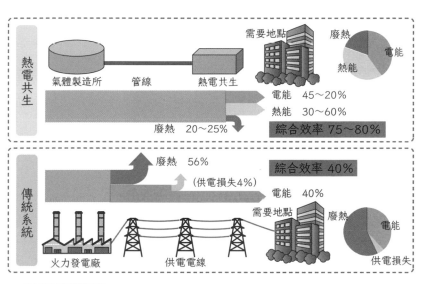

使用熱電共生的節能效果

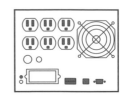

通訊、資訊處理

～需要穩定供電～

大規模的**資訊通訊設施（資料中心、中繼站）**中，有非常多電子機器用的電源，所以電力電子元件在這些設施內也扮演著相當重要的角色。

資料中心的構成

■**資料中心**通常設有伺服器機房（伺服器等ICT機器，以及冷卻用空調）、電力機房（受電設備、緊急用發電設備、備用電池等），以及事務室。

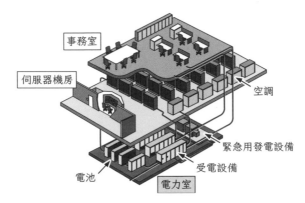

資料中心的樣子

■資料中心的設備有一半是電力設備（電源）。

■資料中心會使用擁有冗餘性的複數個系統接受電力。

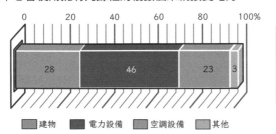

	建物	電力設備	空調設備	其他

資料中心使用電力的分項

資料中心的電力電子機器
・UPS（不斷電系統）
・緊急用發電機
・AC／DC 電源
・電池的充放電控制
・空調設備

冗餘性（redundancy）…附加了多餘部分的性質。為了在事故發生後還能繼續維持原本的功能，平時便需以預備裝置進行備份。

UPS（不斷電系統）

■為了防止資料中心因停電造成損失，需準備UPS（**不斷電系統**）。UPS可以保護資料不會損壞。

■UPS中，會先以直流電為蓄電池充電，停電時再透過逆變器供應交流電。

■停電發生後，一直到緊急用發電設備開始運轉前（約5分鐘內）由UPS供應電力。

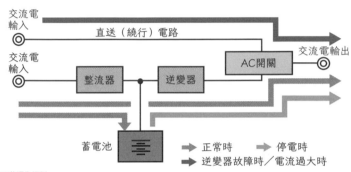

UPS 的運作機制

■家庭、辦公室、店面等，為了應對停電情況，也會使用小型家用UPS。

■有了UPS，即使沒有自家發電設備，電器仍可運作約5分鐘，保護最低限度的資料。

UPS 模式圖

UPS（Uninterruptible Power Supply）…參考正文。

能隙（band gap）…將原子內部的電子能量狀態想像成價帶（valence band）與傳導帶（conduction band）時，兩個帶之間的能量差。

社會生活的電力電子學　通訊、資訊處理

11

寬能隙半導體
～備受期待的非矽半導體～

寬能隙半導體

- **能隙**是半導體的基本物理性質。目前矽半導體的性能已接近物理極限。

- 現在我們使用的半導體幾乎都是矽半導體。相對於矽，能隙較大的半導體稱為**寬能隙半導體**。譬如碳化矽（SiC）或氮化鎵（GaN）等寬能隙半導體，已開始投入實用。

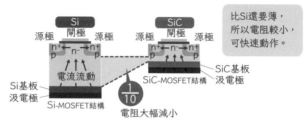

材料	SiC	GaN	鑽石	矽
能隙（eV）	3.3	3.4	5.5	1.1
介電強度（MV/cm）	3	5	10	0.3
熱導率（W/cm・K）	4.9	1.3	20	1.5
飽和漂移速度（cm/s）	2.2×10^7	2.7×10^7	2.7×10^7	1.0×10^7

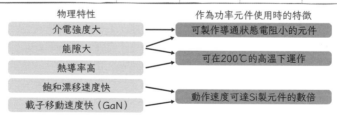

寬能隙半導體的特徵

寬能隙半導體（wide band semiconductor）…能隙比矽（1.12eV）還要大的半導體。

■寬能隙半導體的介電強度、熱導度相當高，作為功率元件使用時有以下優點。

- ・減少損失
- ・高溫動作
- ・高速動作

使用寬能隙半導體之後

■使用寬能隙半導體，可以提高電力電子機器的性能。所以有人認為，未來所有矽製功率元件會全部替換成寬能矽半導體製功率元件。

■電動車或混合動力車之所以能在高溫下使用，也是因為用的是寬能隙半導體的功率元件。

■不過，與矽製功率元件相比，寬能隙半導體製的功率元件成本仍相當高。所以目前只有對效率要求較高的功率元件會使用寬能隙半導體。

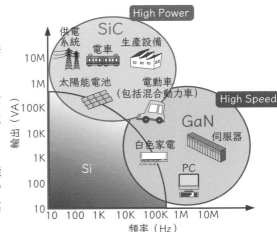

寬能隙半導體的用途

■就現狀而言，電力損失較少（高效率）的SiC半導體通常用於大容量的用途（電力供應、大規模太陽能發電、電車等）。JR在來線的逆變器也已改用SiC半導體製作。

■而GaN製半導體可用於超高速開關模式電源，可將電源小型化，故被認為可應用在PC或伺服器的電源上。

■寬能隙半導體被認為是未來功率元件的研究開發上，備受期待的方向。

介電強度（dielectric breakdown electric field strength）…**絕緣強度**。使物質產生絕緣崩潰的電場強度。

智慧社會
～透過電力電子實現的「智慧」社會～

智慧社會

■**智慧社會**指的是，將必要物資、必要服務，僅在必要時，提供給需要的人的社會。要實現智慧社會，必須有資訊、通訊等IoT或AI技術基礎，也需要**引動器**（實際驅動系統運作的工具）。

■若要精密控制驅動物體的引動器，電動化是不可或缺的過程。舉例來說，汽車的自動駕駛不只要使汽車前進，在方向盤操控、煞車等方面也需電動化，才能自動控制。這些機器的電動化就需要用到電力電子元件。

照護支援

與人共存型機器人

尋找倖存者的機器人

電力電子元件將在智慧社會中大舉活躍

超級感測器
新型感測技術 視覺／聽覺／力覺與觸覺／嗅覺／加速度感測等
主動感測技術 將感測與行動串聯起來，提升檢測能力的技術

智慧引動
新型引動器 ・可應用在與人共存型機器人的軟引動器(人工肌肉) ・超高效率、超輕量、超小型等嶄新的引動器等
新型引動器控制 可靈活且精密地控制動作的技術

機器人系統整合技術
新型自律機器人系統技術 可瞬間理解人類的作業內容與目的，以自律方式提升作業能力的機器人系統技術
系統整合技術 可將個別開發出來的技術有效整合連動的整合技術

飽和漂移速度（saturated drift velocity）⋯半導體內部的載子（電子或電洞）速度會隨著電場強度而改變，不過在高電場強度下會達到飽和。

▓━○ 未來對電力電子學的期許

■電力電子技術已進步到可以讓現實開關十分接近理想開關。想必電力電子技術也將在未來持續進步,實現更多理想中的功能。

■以下是人們對電力電子學的未來期許。

（功率元件）
・導通狀態電阻非常小
・開關切換時間非常短
・可用低電力訊號控制ON／OFF
・不會因過強的電壓或電流而損毀
・高溫動作時不需冷卻
・高速二極體

（電路與電路元件）
・能依理論運作的電路
・不會產生損失的電路元件
・不會飽和的電路元件
・沒有電感的配線
・沒有分布容量的配線
・不會產生妨礙電磁波的配線

（CPU）
・可高速處理、演算
・可在低耗電量下運作

（馬達）
・容易控制的馬達
・沒有損失的馬達
・不會發生磁場飽和的馬達

宇宙太陽能發電

宇宙軌道電梯

無線充電

未來展望始於現在

IoT（Internet of Things）…各種物體的網路。並非電腦之間的連接,而是將原本沒有連上網路的「物體」連接起來的網路。

索 引

作者簡介

森本雅之 （Morimoto Masayuki）
1977～2005年：於三菱重工業株式會社從事電力電子領域的研究開發工作。
2005～2018年：日本東海大學教授。從事電力電子領域的研究與教育工作。
2018年～現在：設立Mori MotoR Lab.，從事電力電子領域的顧問工作，以及社會人士的教育工作。

著作：
《マンガでわかるモーター》（オーム社）
《EE Text パワーエレクトロニクス》（オーム社）
《電気自動車 第2版：これからの「クルマ」を支えるしくみと技術》（森北出版）
《交流のしくみ：三相交流からパワーエレクトロニクスまで》（講談社）
等多部作品。

◉製作　　UNSUI WORKS　＋　YTI（安田タイル工業）

Original Japanese Language edition
PAWAERE ZUKAN
by Masayuki Morimoto, UNSUI WORKS + YTI
Copyright © Masayuki Morimoto, UNSUI WORKS + YTI 2020
Published by Ohmsha, Ltd.
Traditional Chinese translation rights by arrangement with Ohmsha, Ltd.
through Japan UNI Agency, Inc., Tokyo

國家圖書館出版品預行編目(CIP)資料

電力電子學圖鑑：電的原理、運作機制、生活應用……從
零開始看懂推動世界的科技!/森本雅之著；陳朕疆譯.
-- 初版. -- 臺北市：臺灣東販股份有限公司, 2022.04
288面；14.8×21公分
譯自：パワエレ図鑑
ISBN 978-626-329-163-8(平裝)

1.CST: 電子工程 2.CST: 電力應用

448.6   111002621

電力電子學圖鑑
電的原理、運作機制、生活應用……
從零開始看懂推動世界的科技！

2022年4月 1 日初版第一刷發行
2024年9月15日初版第七刷發行

作　　者　森本雅之
製　　作　UNSUI WORKS＋YTI
譯　　者　陳朕疆
編　　輯　曾羽辰
特約美編　鄭佳容
發 行 人　若森稔雄
發 行 所　台灣東販股份有限公司
　　　　　＜地址＞台北市南京東路4段130號2F-1
　　　　　＜電話＞(02)2577-8878
　　　　　＜傳真＞(02)2577-8896
　　　　　＜網址＞https://www.tohan.com.tw
郵撥帳號　1405049-4
法律顧問　蕭雄淋律師
總 經 銷　聯合發行股份有限公司
　　　　　＜電話＞(02)2917-8022